全国计算机等级考试

笔试考试习题集

三级 PC 技术

全国计算机等级考试命题研究组　编

南开大学出版社

天　津

图书在版编目(CIP)数据

全国计算机等级考试笔试考试习题集：2011版. 三级 PC 技术/全国计算机等级考试命题研究组编. —7 版. —天津：南开大学出版社，2010.12

ISBN 978-7-310-02274-8

Ⅰ.全… Ⅱ.全… Ⅲ.①电子计算机－水平考试－习题②个人计算机－水平考试－习题 Ⅳ.TP3-44

中国版本图书馆 CIP 数据核字(2009)第 194413 号

南开大学出版社出版发行

出版人：肖占鹏

地址：天津市南开区卫津路 94 号 邮政编码：300071

营销部电话：(022)23508339 23500755

营销部传真：(022)23508542 邮购部电话：(022)23502200

*

河北省迁安万隆印刷有限责任公司印刷

全国各地新华书店经销

*

2010 年 12 月第 7 版 2010 年 12 月第 8 次印刷

787×1092 毫米 16 开本 14.75 印张 366 千字

定价：26.00 元

如遇图书印装质量问题,请与本社营销部联系调换,电话:(022)23507125

编委会

主　编：夏　菲
副主编：李　煜
编　委：张志刚　苏　娟　刘　一　毛卫东　刘时珍　敖群星

前　言

　　信息时代，计算机与软件技术日新月异，在国家经济建设和社会发展的过程中，发挥着越来越重要的作用，已经成为不可或缺的关键性因素。国家教育部考试中心自1994年推出"全国计算机等级考试"以来，已经经过了十几年，考生超过千万人。

　　计算机等级考试需要考查学生的实际操作能力以及理论基础。因此，经全国计算机等级考试委员会专家的论证，以及教育部考试中心有关方面的研究，我们编写了《全国计算机等级考试上机考试习题集》，供考生考前学习使用。该习题集的编写、出版和发行，对考生的帮助很大，自出版以来就一直受到广大考生的欢迎。为配合社会各类人员参加考试，能顺利通过"全国计算机等级考试"，我们组织多年从事辅导计算机等级考试的专家在对近几年的考试深刻分析、研究的基础上，结合上机考试习题集的一些编写经验，并依据教育部考试中心最新考试大纲的要求，编写出这套"全国计算机等级考试笔试考试习题集"。

　　编写这样一套习题集，是参照上机考试习题集的做法，其内容同实际考试内容接近，使考生能够有的放矢地进行复习，希望考生能顺利通过考试。

　　本书针对参加全国计算机等级考试的考生，同时也可以作为普通高校、大专院校、成人高等教育以及相关培训班的练习题和考试题使用。

　　为了保证本书及时面市和内容准确，很多朋友做出了贡献，夏菲、李煜、孙正、宋颖、张志刚、苏鹏、刘一、李岩、毛卫东、李占元、刘时珍、敖群星等老师在编写文档、调试程序、排版、查错、等工作中加班加点，付出了很多辛苦，在此一并表示感谢！

全国计算机等级考试命题研究组

目　录

第 1 套

一、选择题

下列各题 A、B、C、D 四个选项中，只有一个选项是正确的，请将正确选项涂写在答题卡相应位置上，答在试卷上不得分。

1. 下面是 8086 / 8088 微处理器有关操作的描述：
   ① 计算有效地址
   ② 分析指令，产生控制信号
   ③ 计算物理地址，传送执行过程中需要的操作数或运行结果
   ④ 预取指令至指令队列缓冲器
   其中由总线接口部件 BIU 完成的操作是（　　）。
   A. ①　　　　　　　　B. ③　　　　　　　　C. ① 和 ②　　　　　　D. ② 和 ④

2. 8086 有 4 个数据寄存器，其中 AX 除用作通用寄存器外，还可用作（　　）。
   A. 累加器　　　　　　B. 计数器　　　　　　C. 基址寄存器　　　　D. 段寄存器

3. 下列（　　）指令不合法。
   A. IN AX，0278H　　　　　　　　　　B. RCR DX，CL
   C. CMP SB　　　　　　　　　　　　　D. RET 4

4. 假设执行 CALL DWORD PTR［BX］指令时（SP）=1248H，则进入子程序后 SP 寄存器中的内容是（　　）。
   A. 1244H　　　　　B. 1246H　　　　　C. 124AH　　　　　D. 124CH

5. CD-ROM 驱动器的接口标准有（　　）。
   ① 专用接口　　　　　② SCSI 接口　　　　③ IDE 接口　　　　④ RS-232 接口
   A. 仅 ①　　　　　　　　　　　　　　　B. ①、②
   C. ①、②、③　　　　　　　　　　　　D. ①、②、③、④

6. Pentium 微处理器的每个突发式总线周期传送（　　）数据。
   A. 4 个字节　　　　B. 8 个字节　　　　C. 16 个字节　　　　D. 32 个字节

7. 下面是关于过程调用和宏调用的叙述，其中（　　）是正确的。
   A. 程序执行的方法相同，都是调用预先编制的程序代码段
   B. 过程调用比宏调用方便、灵活，应用更广泛

C. 宏调用比过程调用执行速度快，但占用较大的内存空间

D. 过程调用比宏调用速度快，但占用较大的内存空间

8. DVD 盘片比 CD 盘片的容量更大。下面是关于 120mm DVD 盘片存储容量的叙述，正确的是（　　）。

Ⅰ. 单面单层 DVD 盘片的存储容量为 4.7GB

Ⅱ. 双面单层 DVD 盘片的存储容量为 9.4GB

Ⅲ. 单面双层 DVD 盘片的存储容量为 9.4GB

Ⅳ. 双面双层 DVD 盘片的存储容量为 18.8GB

A. Ⅰ和Ⅱ　　　　　B. Ⅱ和Ⅲ　　　　　C. Ⅲ和Ⅳ　　　　　D. Ⅰ和Ⅳ

9. 数字声音在 PC 机中存储时，必须组织成一个数据文件，不同类型的数字声音具有不同的文件扩展名。扩展名为.WAV 的文件中存储的是（　　）。

A. 合成音乐　　　B. 波形声音　　　C. MP3 声音　　　D. 合成语音

10. 下列指令中有（　　）条指令不合法。

①MOV [SI]，［DI］　　　　　　　　②ADD AX，5

③IN　AL，DX　　　　　　　　　　④PUSH WORD PTR 10［BX＋2］

A. ①　　　　　　B. ②　　　　　　C. ③　　　　　　D. ④

11. 假设 V1 和 V2 是用 DW 定义的变量，则下列指令中正确的是（　　）。

A. MOV V1，20H　　　　　　　　　B. MOV V1，V2

C. MOV AL，V1　　　　　　　　　　D. MOV 2000H，V2

12. Microsoft FrontPage Express 的作用是（　　）。

A. 播放动画文件　　　　　　　　　B. 播放音频文件

C. 绘制图形文件　　　　　　　　　D. 编制 HTML 文件

13. 一个有 16 个字的数据区，起始地址为 70A0: DDF6，则这个数据区末字单元的物理地址是（　　）。

A. 7E7F6H　　　　B. 7E816H　　　　C. 7E814H　　　　D. 7E7F8H

14. Pentium 微处理器的外部数据总线是（　　）。

A. 32 位　　　　　B. 36 位　　　　　C. 64 位　　　　　D. 128 位

15. 下面是目前 PC 机中的几种总线，其中以串行方式传送数据的是（　　）。

A. 处理器总线　　　B. USB　　　　　C. PCI 总线　　　　D. 存储器总线

16. 执行下列程序段后，（AX）=（　　）。

MOV　AX，'9'

ADD　AL，'9'

AAA
A. 0072H   B. 0702H   C. 0018H   D. 0108H

17. Pentium 微处理器的结构之所以称为超标量结构，是因为（   ）。
    A. Pentium 微处理器不仅能进行 32 位运算，也能进行 64 位运算
    B. Pentium 微处理器内部含有多条指令流水线和多个执行部件
    C. 数据传输速度很快，每个总线周期量高，能传送 4 个 64 位数据
    D. 微处理器芯片内部集成的晶体管数超过 100 万个，功耗很大

18. 键盘和鼠标器是最基本的输入设备。下面有关键盘和鼠标器的叙述中，错误的是（   ）。
    A. 目前 PC 机所用的键盘和鼠标器接口大多是 PS/2 或 USB
    B. 键盘和鼠标器一样，它与主机之间以串行方式进行数据传送
    C. 目前有无线鼠标器，但没有无线键盘
    D. 键盘和鼠标器一样，通过接口输入到主机中的都是二进制信息

19. 现用数据定义伪指令定义数据：
    BUF DB 4 DUP （0，2 DUP （1，0））
    定义后，存储单元中有数据 0100H 的字单元个数是（   ）。
    A. 4   B. 3   C. 8   D. 12

20. 假设 AL 寄存器中的内容是 1，执行指令 SUB AL，0FFH 后，进位标志 CF 和溢出标志 OF 的状态分别是（   ）。
    A. 0 和 0   B. 0 和 1   C. 1 和 0   D. 1 和 1

21. 下列（   ）组设备只能输入相对坐标。
    A. 光笔、图形板、画笔   B. 光笔、鼠标器、操作杆
    C. 图形板、跟踪球、操作杆   D. 鼠标器、跟踪球、操作杆

22. 80386 有 4 个总线周期定义信号，分别为 W/R、D/C、M/IO 和 LOCK；其中前 3 个是主要的总线周期定义信号在存储器数据读取周期，各总线周期定义信号为（   ）。
    A. W/R=L 低电平，D/C=H 高电平，M/IO=H 高电平
    B. W/R=L 低电平，D/C=H 高电平，M/IO=L 低电平
    C. W/R=H 高电平，D/C=L 低电平，M/IO=H 高电平
    D. W/R=L 低电平，D/C=L 低电平，M/IO=H 高电平

23. 下面关于 PCI 和 IDE 的叙述中，正确的是（   ）。
    A. PCI 是总线标准，IDE 是磁盘接口标准
    B. PCI 和 IDE 都是总线标准
    C. PCI 和 IDE 都是磁盘接口标准
    D. PCI 是磁盘接口标准，IDE 是总线标准

24. 连接两个汇编语言目标程序时，若其数据段的段名相同，组合类型为 PUBLIC，定位类型为 PARA，连接后第一个目标程序数据段的起始物理地址是 00000H，长度为 1376H，则第二个目标程序数据段的起始物理地址是（　　）。

    A．01377H　　　　　B．01378H　　　　　C．01380H　　　　　D．01400H

25. Pentium 微处理器在保护模式下，若被访问的页面不在物理内存中，将会按照下列（　　）异常或中断方式进行处理。

    A．故障（Fault）　　　　　　　　　　B．陷阱（Trap）
    C．中止（Abort）　　　　　　　　　　D．中断（Interrupt）

26. 指令 "COUNT EQU CX" 的含义是（　　）。

    A．定义变量 COUNT，并赋值　　　　　B．定义常量 COUNT，并赋值
    C．定义变量 CX，并赋值　　　　　　　D．定义 COUNT 为 CX 的同义语

27. 在 80286 的内部有（　　）个指令队列。

    A．1　　　　　　　　B．2　　　　　　　　C．3　　　　　　　　D．4

28. 磁盘存储器中（　　）指沿磁盘半径方向单位长度所包含的磁道数，它与磁头的铁芯厚度、定位精度有关。

    A．记录密度　　　　　B．位密度　　　　　C．存储容量　　　　　D．磁道密度

29. 下列关于数码相机的叙述中，错误的是（　　）。

    A．数码相机中的成像芯片只能是 CCD 芯片
    B．CCD 芯片能将光信号转化为电信号
    C．CCD 阵列中的像素越多，拍摄的图像质量就越好
    D．目前数码相机的像素数目可达到数百万之多

30. 80386 在实地址方式下的有效存储空间是（　　）。

    A．4GB　　　　　　　B．16MB　　　　　　C．2MB　　　　　　D．1MB

31. 为了使下面的指令序列能够将 AH 和 AL 寄存器中的非组合型（Unpacked）BCD 码转换为组合型（Packed）BCD 码存放在 AL 中，应该在第三条指令中填入（　　）操作数。

MOV	CL,	4
SHL	AL,	CL
SHR	＿，	CL

    A．BL　　　　　　　　B．AL　　　　　　　　C．AX　　　　　　　　D．BX

32. 在 80386 以上的微处理器指令系统中，指令 "ADD AX,[BX]" 的源操作数的寻址方式是（　　）。

— 4 —

A. 直接寻址   B. 寄存器寻址

C. 寄存器间接寻址   D. 寄存器相对寻址

33. CPU 配合 Cache 高速缓冲存储器工作，如果内存的存取周期时间为 60ms，高速缓存的存取周期时间为 15ms，命中率为 90%，则高速缓冲单元的平均存取时间为（   ）。

     A. 22.75ms   B. 21.75ms   C. 18.5ms   D. 19.5ms

34. 执行下面的程序段后，102H 单元中的数据是（   ）。

```
        ORG 100H
DAT     DB    12H，13H，14H
        MOV   BX，OFFSET DAT
        INC   BYTE PTR ［BX］
        INC BX
        DEC BYTE PTR ［BX］
        HLT
```

     A. 15H   B. 12H   C. 13H   D. 14H

35. （   ）是体系结构上采用了客户机／服务器模式的网络操作系统。

     A. Wndows 95   B. Windows NT   C. Wndows 98   D. Windows 3.2

36. Pentium CPU 采用了很多且分布在不同的位置上的地线引脚 GND 和电源引脚 VCC，其目的主要是（   ）。

     A. 为了方便连线   B. 为了方便提供电源

     C. 因为需要的电源线越来越多   D. 为了散热

37. Windows 98/XP 支持目前流行的多种多媒体数据文件格式。下列（   ）组中的文件格式（类型）均表示视频文件。

     A. AVI、MPG 和 ASF   B. JPG、MPG 和 AVI

     C. GIF、RM 和 MPG   D. CDA、DXF 和 ASF

38. 若磁盘的转速提高一倍，则（   ）。

     A. 平均存取的时间减半   B. 平均寻道时间减半

     C. 存储密度可以提高一倍   D. 平均定位时间不变

39. 采用（   ）的手段可以防止系统出现死锁。

     A. PV 操作管理共享资源   B. 限制进程互斥使用共享资源

     C. 资源静态分配策略   D. 定时运行死锁检测程序

40. 和动态 MOS 存储器比较，双极性半导体存储器的性能是（   ）。

     A. 集成度低，存取周期快，位平均功耗大

B. 集成度低，存取周期慢，位平均功耗小

C. 集成度高，存取周期快，位平均功耗小

D. 集成度高，存取周期慢，位平均功耗大

41. 设存储器的地址线有 15 条，存储单元为字节，采用 2K×4 位芯片，按全译码方法组成存储器，当该存储器被扩充成最大容量时，需要此种存储芯片的数量是（　　　）。

  A. 16 片   B. 32 片   C. 64 片   D. 128 片

42. Windows XP 提供的 Windows Media Player 是一个功能强大的多媒体播放软件，可以从 Microsoft 有关网站不断升级。该软件目前不能播放（　　　）类型的音视频文件。

  A. ASF   B. RM   C. MPG   D. AVI

43. PC 机总线中，数据总线驱动电路一般采用的基本逻辑单元是（　　　）。

  A. 反相器   B. 触发器   C. 三态缓冲器   D. 译码器

44. 下列（　　　）伪操作命令可用来申请内存空间。

  A. EQU   B. LABEL   C. ORG   D. DB

45. 利用 Windows XP 中 DirectX 软件组件可以开发高性能的、实时的多媒体应用程序。在下列 DirectX 组件中，提供游戏的通信和网络支持，使游戏玩家能在网上进行联机大战的组件是（　　　）。

  A. DirectDraw   B. DirectShow   C. DirectInput   D. DirectPlay

46. 根据下面的数据段定义可知，变量 DAT 的偏移地址是（　　　）。

```
          DSEG    SEGMENT
DAT       DW      'AB', 'CD', 'EF'
CNT       EQU     $-DAT
DSEG      ENDS
```

  A. 03H   B. 04H   C. 06H   D. 07H

47. 打印机是一种输出设备，可以输出文稿、图形、程序等。下面是有关打印机的叙述：

  Ⅰ. 针式打印机能平推多层套打，特别适用于存折和票据打印

  Ⅱ. 激光打印机打印质量高、速度快、噪音低

  Ⅲ. 喷墨打印机能输出彩色图像、不产生臭氧，但耗材价格较贵

  Ⅳ. 针式打印机的打印速度最低，激光打印机最高，喷墨打印机介于两者之间

  其中正确的是（　　　）。

  A. 仅Ⅰ和Ⅱ   B. 仅Ⅰ和Ⅲ

  C. 仅Ⅰ、Ⅱ和Ⅲ   D. 全部

48. 根据下面的程序段，AX 寄存器中的内容应该是（　　　）。

```
ARRAY     DW      1111H，2222H，3333H，4444H，5555H，6666H，7777H
MOV       EBX，    OFFSET ARAY
MOV       ECX，    3
MOV       AX，     [EBX+2 * ECX]
```
    A．3333H   B．4444H   C．6666H   D．7777H

49. 下列描述中正确的是（　　　）。
    A．汇编语言是汇编语言编写的程序，运行速度快，阅读方便，属于面向用户的程序设
       计语言
    B．汇编语言源程序可以直接执行
    C．汇编语言是由符号指令及其使用规则构成的程序设计语言
    D．汇编语言属于低级语言

50. Windows 98/XP 提供了多种多媒体服务组件，以支持不同的多媒体应用。下列选项中，
    用于数字视频处理的软件包是（　　　）。
    A．MCI   B．OpenGL   C．VFW   D．GDI

51. 在下面关于微机总线的叙述中，错误的是（　　　）。
    A．采用总线结构可简化微机系统设计
    B．标准总线可得到多个厂商的支持，便于厂商生产兼容的硬件板卡
    C．PC 机的性能与其采用哪些具体的标准总线无关
    D．采用总线结构便于微机系统的扩充和升级

52. 下面是 PC 机中主板的物理尺寸规范，目前最流行的是（　　　）。
    A．Baby-AT 板   B．ATX 板   C．BTX 板   D．WTX 板

53. 下面数据传送指令中，正确的指令是（　　　）。
    A．MOV BUF1，BUF2   B．MOV CS，AX
    C．MOV CL，1000H   D．MOV DX，WORD PTR [BP+DI]

54. 8086 CPU 经加电复位后，执行第一条指令的地址是（　　　）。
    A．FFFFH   B．03FFFH   C．0FFFFH   D．FFFF0H

55. Windows 98 中长文件名可有（　　　）个字符。
    A．8.3 格式   B．254   C．255   D．512

56. 在 Windows 操作系统的发展过程中，（　　　）以来的操作系统均为 32 位操作系统。
    A．Wndows 1.0   B．Windows 3.X   C．Windows 95   D．Windows 2000

57. 下列四类网络产品中，既具有中继功能，又具有桥接功能的是（　　　）。

A. 多路复用器　　　　B. 多口中继器　　　　C. 集线器　　　　　D. 模块中继器

58. 8086/8088 与外设进行数据交换时，经常会在（　　）状态后进入等待周期。

A. T1　　　　　　　B. T2　　　　　　　C. T3　　　　　　　D. T4

59. 假设 8086 微处理器需要一次读取一个 16 位数据，则 BHE 和 A0 的状态分别是（　　）。

A. 0，0　　　　　　B. 0，1　　　　　　C. 1，0　　　　　　D. 1，1

60. （　　）不属于显卡上的部件。

A. 主机接口部分　　　　　　　　　　　　B. 显示器接口部分
C. 显示功能部分　　　　　　　　　　　　D. 模数转换部分

二、填空题

请将答案分别写在答题卡中序号为【1】至【20】的横线上，答在试卷上不得分。

1. 80286 的数据总线是【1】位，地址总线是 24 位。

2. 采用级联方式使用 8259 中断控制器，可使它的硬中断源最多扩大到【2】个。

3. 衡量 CPU 性能的重要指标之一是每秒钟执行百万条指令的数目。"每秒钟执行百万条指令"的英文缩写为【3】。

4. 8237 DMA 控制器本身有 16 位的地址寄存器和字节计数器，若附加有 4 位的页面地址寄存器，则可以在容量为【4】的存储空间内进行 DMA 数据传送。

5. 设 GB2312-80 字符集中某汉字的机内码是 BEDF（十六进制），它的区位码是【5】。

6. PC 中，8250 的基准工作时钟为 1.8432 MHz，当 8250 的通信波特率为 4800 时，写入 8250 除数寄存器的分频系数为【6】。

7. 若定义 VAR DB 2 DUP（1，2，2 DUP（3），2 DUP（1）），则在 VAL 存储区内前 5 个单元的数据是【7】。

8. CMOS SETUP 程序是一个很重要的程序模块，PC 机刚加电时，若按下某一热键（如 Del 键），则可启动该程序，使用户可以修改 COMS 中的配置信息。该程序固化在【8】中。

9. 假设某计算机的主频为 8MHz，每个总线周期平均包含两个时钟周期，而每条指令平均有 4 个总线周期，那么该计算机的平均指令执行速度应该是【9】MIPS。

10. IBM PC 微型计算机采用 8086/8088 CPU，8086 CPU 的数据通道为【10】位，8088 CPU 的数据通道为 8 位。

11. Pentium 微处理器采用 IEEE754 作为【11】数格式的标准。

12. PC 机使用的键盘是一种非编码键盘，键盘本身仅仅识别按键的位置，向 PC 机提供的是该按键的【12】码，然后由系统软件把它们转换成规定的编码，如 ASCII 码。

13. 8086/8088 CPU 的数据线和地址线是以【13】方式轮流使用的。

14. 我国目前采用的汉字编码标准规定，常用汉字在计算机中使用【14】个字节表示。

15. 执行下面的指令序列后，（BX）=【15】。

```
X1        DW 'CD'
X2        DB 16DUP（？）
Y         EQU  $－X1
MOV       BX，Y
```

16. 8086 和 80286 都有 4 个段寄存器 CS、DS、SZ、ES，它们都是【16】位的寄存器，分别是代码段寄存器、数据段寄存器、堆栈段寄存器、附加段寄存器。它们用于内存寻址时，20 位的物理地址是由段寄存器左移 4 位和 16 位的偏移量相加而成的。

17. 普通 CD 唱片上记录 WAV 格式的高保真立体声乐曲时，大约可以持续播放 1 小时，用 MP3 格式保存时大约可以播放 10 小时。如果 CD 光盘上的乐曲可以播放 100 小时左右的话，这些乐曲的文件类型可能是【17】。

18. 下列程序执行后，（BX）=【18】。

```
MOV CL，7
MOV BX，8016H
SHR BX，CL
```

19. 微处理器对 I／O 口的编址方式一般有两种。一种是将 I／O 口地址和主存储器地址统一编址，把 I／O 口地址看作存储器地址的一部分，指令系统中，没有专门的 I／O 指令。另一种是将 I／O 口地址和存储器地址分别独立编址，采用专门的【19】指令对 I／O 口地址进行操作。

20. 计算机网络可分为局域网和广域网，局域网的英文缩写是【20】。

第 2 套

一、选择题

下列各题 A、B、C、D 四个选项中，只有一个选项是正确的，请将正确选项涂写在答题卡相应位置上，答在试卷上不得分。

1. 目前采用奔腾处理器的 PC 机，其局部总线大多数是（　　）。
   A. VESA 总线　　　　B. ISA 总线　　　　C. EISA 总线　　　　D. PCI 总线

2. 16 位 PC 微机中整数的有效范围是（　　）。
   A. −32768～+32767　　　　　　　B. −32767～+32767
   C. 0～65535　　　　　　　　　　　D. −32768～+32767 或 0～65535

3. 声卡的组成很简单，它主要由一块主音频处理芯片、一块音频混合芯片和一块放大器电路组成。波形声音输入计算机时，模拟信号的取样下量化是由（　　）完成的。
   A. 音频混合芯片　　　　　　　　　B. 主音频处理芯片
   C. 放大器　　　　　　　　　　　　D. 其他附加电路

4. 执行下面的程序段后，（AL）＝（　　）。
   MOV AX，03H
   MOV BL，09H
   SUB AL，BL
   AAS
   A. OFAH　　　　　　B. 04H　　　　　　C. 06H　　　　　　D. 86H

5. 下面是关于汉字编码的叙述：
   Ⅰ. 在不同的汉字输入法中，同一个汉字的输入码通常不同
   Ⅱ. 在 GB2312 中，汉字的国标交换码为该汉字的区号和位号分别加 32 之后得到的二进制代码
   Ⅲ. 在 GB2312 中，汉字内码的每个字节的最高位是 0 或 1
   Ⅳ. 不同字体（宋体、仿宋体、楷体等）的字形描述信息存放在同一个字库中
   其中，正确的是（　　）。
   A. 仅Ⅰ和Ⅲ　　　　　　　　　　　B. 仅Ⅰ和Ⅱ
   C. 仅Ⅱ和Ⅲ　　　　　　　　　　　D. 仅Ⅱ和Ⅳ

6. 下面的说法中，正确的一条是（　　）。

A．EPROM 是不能改写的

B．EPROM 是可改写的，所以也是一种读写存储器

C．EPROM 是可改写的，但它不能作为读写存储器

D．EPROM 只能改写一次

7．若用户初始化堆栈时，（SP）=0000H，则该堆栈的可使用空间是（　　）。

A．0　　　　　　　B．65536　　　　　　C．65535　　　　　　D．65534

8．Windows 98/XP 提供了多种监视系统和优化系统的工具，使用户能够通过查看系统资源的使用情况来调整系统的配置，优化系统的性能，提高系统的运行效率。如果要查看当前正在运行哪些任务，可以使用的系统工具是（　　）。

A．资源状况　　　B．系统监视器　　　C．系统信息　　　D．网络监视器

9．执行以下程序段后，AX=（　　）。

```
TAB        DW 1，2，3，4，5，6
ENTRY      EQU 3
MOV        BX，OFFSET   TAB
ADD        BX，ENTRY
MOV        AX，〔BX〕
```

A．0003H　　　　　B．0300H　　　　　C．0400H　　　　　D．0004H

10．下面关于微处理器的叙述中，错误的是（　　）。

A．用微处理器作为 CPU 的计算机都称为微型计算机

B．微处理器具有运算和控制功能

C．Pentium 4 微处理器的通用寄存器长度是 32 位

D．Pentium 4 微处理器的主频通常在 1GHz 以上

11．用户要将一台计算机作为打印机服务器使用，需要安装（　　）。

①Netware 目录服务

②Microsoft 网络上的文件与打印机共享

③Netware 网络上的文件与打印机共享

A．①和②　　　　　B．①和③　　　　　C．①、②和③　　　D．都不正确

12．在 Windows XP 环境下，文件的长文件名采用的字符编码标准是（　　）。

A．ASCII　　　　　B．GB2312　　　　　C．CJK　　　　　　D．Unicode

13．数字波形声音的获取过程中，正确的处理步骤是（　　）。

A．模数转换、采样、编码　　　　　　　B．采样、编码、模数转换

C．采样、模数转换、编码　　　　　　　D．编码、采样、模数转换

14. 在虚拟存储器中，当程序正在执行时，由（　　）完成地址转换。
   A. 程序员　　　　　　B. 编译器　　　　　　C. 操作系统　　　　　　D. 以上都可以

15. 现行 PC 机的主机与打印机之间最常用的接口是（　　）。
   A. IEEE-4888　　　　B. Centronics　　　　C. RS-232-C　　　　D. ESDI

16. 在虚拟 8086 模式下，应用程序的特权级是（　　）。
   A. 0 级　　　　　　　B. 1 级　　　　　　　C. 2 级　　　　　　　D. 3 级

17. 下列指令中，有语法错误的是（　　）。
   A. OUT DX，AL　　　　　　　　　　B. JMP WORD PTR[BX+11H]
   C. CALL 2000H: 0110H　　　　　　　D. MUL AX，[DI]

18. 人们说话所产生的语音信号经过数字化之后才能由计算机进行存储、传输和处理。语音信号的带宽大约为 300～3400Hz，对其数字化时采用的取样频率和量化位数通常是（　　）。
   A. 8kHz 和 8bit　　　　　　　　　　B. 8kHz 和 16bit
   C. 16kHz 和 8bit　　　　　　　　　　D. 16kHz 和 16bit

19. DMA 数据传送方式中，实现地址的修改与传送字节数计数的主要功能部件是（　　）。
   A. CPU　　　　　　　B. 运算器　　　　　　C. 存储器　　　　　　D. DMAC

20. 感光元件是扫描仪中的关键部件，目前普遍使用的有（　　）。
   Ⅰ. 电荷耦合器件　　　　　　　　　　Ⅱ. 接触式感光元件
   Ⅲ. 光电倍增管　　　　　　　　　　　Ⅳ. 光学编码器
   A. Ⅰ、Ⅱ、Ⅳ　　　　　　　　　　　B. Ⅰ、Ⅱ、Ⅲ
   C. Ⅱ、Ⅲ、Ⅳ　　　　　　　　　　　D. Ⅰ、Ⅲ、Ⅳ

21. 执行返回指令，退出中断服务程序，这时返回地址来自（　　）。
   A. ROM 区　　　　　　　　　　　　B. 程序计数器
   C. 堆栈区　　　　　　　　　　　　　D. CPU 的暂存寄存器

22. 下面关于主板 ROM BIOS 的叙述中，错误的是（　　）。
   A. 主板 ROM BIOS 包括 DOS 系统功能调用程序
   B. 主板 ROM BIOS 包括 CMOS SETUP（或 BIOS SETUP）程序
   C. 主板 ROM BIOS 包括基本的 I/O 设备驱动程序和底层中断服务程序
   D. 主板 ROM BIOS 包括 POST（加电自检）与系统自举装入程序

23. 普通 CD 唱片上记录的高保真音乐是一种数字化的声音，其频率范围大约为 20~20000Hz，试问它的取样频率是（　　）。

A. 8 kHz   B. 11.025 kHz
C. 22.05 kHz   D. 44.1 kHz

24. 下面是关于采用北桥／南桥结构形式的芯片组中北桥芯片、南桥芯片和超级 I／O 芯片功能的叙述，其中错误的是（   ）。
    A. 北桥芯片不提供对主存的管理
    B. 超级 I／O 芯片通常集成了以前在老的 PC 机中主板扩展槽插卡上的功能（如软磁盘控制器、双串行口控制器、并行口控制器等）
    C. 南桥芯片的一个主要功能是用于连接 PCI 总线与 ISA 总线
    D. 北桥芯片具有连接处理器总线和 PCI 总线的功能

25. 8088／8086 一切复位信号至少维持（   ）个时钟周期的高电平有效。
    A. 1   B. 2   C. 3   D. 4

26. 下列程序执行后，(AL)、(BX)、(CX) 分别为（   ）。
    TABLE DW 15 DUP（？）
    MOV AL，TYPE TABLE
    MOV BX，LENGTH TABLE
    MOV CX，SIZE TABLE
    A. 1，1，1   B. 2，1，2   C. 1，15，15   D. 2，15，30

27. 下面是关于主板 BIOS 的主要功能模块的叙述：
    Ⅰ. 主板 BIOS 包含 POST（加电自检）程序
    Ⅱ. 主板 BIOS 包含系统自举装入程序
    Ⅲ. 主板 BIOS 包含基本的 I／O 设备驱动程序和底层中断服务程序
    Ⅳ. 主板 BIOS 包含 CMOS SETUP 程序
    其中，正确的是（   ）。
    A. 仅Ⅰ   B. 仅Ⅰ和Ⅱ
    C. 仅Ⅰ、Ⅱ和Ⅲ   D. Ⅰ、Ⅱ、Ⅲ和Ⅳ

28. 下面关于硬盘存储器性能指标的叙述中，正确的是（   ）。
    A. 目前市场上 PC 硬盘容量大多为 10GB~20GB
    B. 平均等待时间是指数据所在扇区旋转到磁头下的平均时间，目前大约为 3μs~6μs
    C. 平均寻道时间是指移动磁头到数据所在磁道（柱面）所需的平均时间，目前大约是几个毫秒
    D. 高速缓冲存储器 Cache 能提高硬盘的数据传输性能，目前容量一般为几千字节

29. 如果多个中断同时发生，系统将根据中断优先级响应优先级最高的中断请求。若调整中断事件的响应次序，可以利用（   ）。
    A. 中断响应   B. 中断屏蔽   C. 中断向量   D. 中断嵌套

30. 指令 SUB ［BX＋DI＋3456H］, CX 的机器码最后 8 位为（　　）。
    A. 10010001B   B. 01010110B   C. 00110100B   D. 01000101B

31. 在 Windows 98/XP 中，下列（　　）软件组件为应用程序提供了一种极其方便的途径去控制各种多媒体设备，使多媒体设备的控制操作与特定的硬件无关。
    A. GDI   B. OpenGL   C. MCI   D. VFW

32. 下面是关于 PC 串口（COM1、COM2）、USB 接口和 IEEE-1394 接口的叙述，正确的是（　　）。
    A. 串口以串行方式传送数据，USB 接口和 IEEE-1394 接口以并行方式传送数据
    B. 串口和 USB 接口以串行方式传送数据，USB 接口以并行方式传送数据
    C. 串口和 IEEE-1394 接口以串行方式传送数据，USB 接口以并行方式传送数据
    D. 它们均以串行方式传送数据

33. 在 Windows 98/XP 中，下列（　　）软件组件支持计算机三维图形的程序库。
    A. OpenGL   B. GDI   C. MCI   D. DirectX

34. 关于 CD-RW 光盘说法不正确的是（　　）。
    A. 它的盘片可任意插写多次
    B. 它是可重复插写的光盘存储器
    C. 具备 MultiRead 能力的 CD-ROM 光驱才能识别此种光盘
    D. 它对激光的反射率最多 25%

35. 为了使下面的程序段能够正确执行 45 / 6 的运算，应该在程序中填入（　　）指令。
    MOV AL, 45
    MOV BL, 6

    _____
    DIV BL
    A. XOR AH, AH   B. CLC
    C. MOV DX, 0   D. MOV BH, 0

36. 微机中控制总线提供（　　）。
    A. 存储器和 I/O 设备的地址码
    B. 所有存储器和 I/O 设备的时序信号和控制信号
    C. 来自 I/O 设备和存储器的响应信息
    D. 上述 B、C 两项

37. 访问存储器时，读出的信息或将写入的信息要经过（　　）。
    A. 数据寄存器   B. 指令寄存器

C. 地址寄存器　　　　　　　　　　　　　D. 累加器

38. 端口可独立地划分到不同的网段，可以同时用于几个不同的网络服务器的集线器是（　　）。

    A. 普通集线器　　　　　　　　　　　　B. 堆栈式集线器

    C. 端口交换式集线器　　　　　　　　　D. 交换机

39. 计算机中地址的概念是内存储器各存储单元的编号，现有一个 32KB 的存储器，用十六进制对它的地址进行编码，则编号可从 0000H 到（　　）H。

    A. 32767　　　　　B. 7FFF　　　　　C. 8000　　　　　D. 8EEE

40. 总线的数据传输速率可按公式 Q=W×F/N 计算，其中 Q 为总线数据传输率，W 为总线数据宽度（总线位宽/8），F 为总线工作频率，N 为完成一次数据传送所需的总线时钟周期个数。若总线位宽为 16 位，总线工作频率为 8MHz，完成一次数据传送需 2 个总线时钟周期，则总线数据传输速率 Q 为（　　）。

    A. 16Mb/s　　　　B. 8Mb/s　　　　C. 16MB/s　　　　D. 8MB/s

41. 下面关于微处理器的叙述中，错误的是（　　）。

    A. 它以单片大规模集成电路制成，具有运算和控制功能

    B. 它包含几十个甚至上百个"寄存器"，用来临时存放正在处理的数据

    C. PC 中的微处理器只有一个，它就是 CPU

    D. 美国 Intel 公司是国际上研究、开发和生产微处理器最有名的公司

42. Pentium4 处理器的线性地址空间和最大物理地址空间分别是（　　）。

    A. 4GB 和 4GB　　　　　　　　　　　B. 4GB 和 16GB

    C. 16GB 和 64GB　　　　　　　　　　D. 4GB 和 64GB

43. 下面是关于 PC 主板芯片组功能的叙述，其中正确的是（　　）。

    Ⅰ. 芯片组提供对 CPU 的支持

    Ⅱ. 芯片组提供对主存的管理

    Ⅲ. 芯片组提供中断控制器、定时器、DMA 控制器的功能

    Ⅳ. 芯片组提供对标准总线插槽和标准接口连接器的控制

    A. 仅Ⅰ　　　　　　　　　　　　　　　B. 仅Ⅰ，Ⅱ

    C. 仅Ⅰ，Ⅱ，Ⅲ　　　　　　　　　　　D. Ⅰ，Ⅱ，Ⅲ及Ⅳ

44. μPD424256 的容量为 256K×4bit，即芯片内部有 256K 个存储单元，每个存储单元可存储 4 位信息。下面关于μPD424256 的叙述中，正确的是（　　）。

    A. 芯片内部有 256K 个存储单元，因此芯片有 18 个地址引脚

    B. 芯片的 RAS 和 CAS 选通信号主要用于 DRAM 的刷新

    C. 芯片的数据线有 4 根，但为减少芯片的引脚数，它们与 18 个地址信号中的低 4 位地

址线是分时复用的

    D. DRAM 芯片中的存储单元除像μPD424256 那样存储 4 位信息外，有的 DRAM 芯片中的存储单元存储 1 位信息，有些存储 8 位信息

45. 下面是关于 PCI 总线的叙述，其中错误的是（　　　）。

    A. PCI 总线支持突发传输　　　　　　　B. PCI 总线支持总线主控方式

    C. PCI 总线不采用总线复用技术　　　　D. PCI 总线具有即插即用功能

46. 下列关于计算机的叙述中，错误的是（　　　）

    A. 目前的计算机仍然采用"存储程序控制"的工作原理

    B. 一台计算机的 CPU 可能由一个、两个或多个微处理器组成

    C. 用微处理器作为 CPU 的计算机都称为微型计算机

    D. 目前 Pentium 系列的有些微处理器包含多个内核

47. 目前 PC 最流行的操作系统是 Windows 系列和 UNIX 类的操作系统，下列叙述中错误的是（　　　）。

    A. Windows 是一个支持多任务处理的、采用图形用户界面的操作系统

    B. 目前最新的 Windows 操作系统版本是 Windows Vista

    C. Linux 是类似于 UNIX 的一种多任务操作系统

    D. UNIX 系统只能运行在 PC 上

48. 计算机中的数字声音文件有多种类型，下面不属于声音文件类型的是（　　　）。

    A. MP3　　　　　　B. WMA　　　　　　C. BMP　　　　　　D. WAV

49. 下面关于基本 ASCII 码字符集的叙述中，错误的是（　　　）。

    A. ASCII 码字符集中字符的代码值小于 128

    B. ASCII 码字符集中的部分字符是不可打印（显示）的

    C. 对同一个英文字母，小写字母的 ASCII 码代码值比大写字母的值大 26

    D. ASCII 码字符集中部分字符无法使用 PC 键盘输入

50. 局域网（LAN）一般是一幢建筑物内或一个单位几幢建筑物内的计算机互连而成的计算机网络。局域网有多种类型，目前使用最广泛的是（　　　）

    A. FDDI　　　　　　B. 以太网　　　　　　C. ATM 局域网　　　　D. 无线网

51. 下面是关于 Pentium 微处理器虚拟 8086 模式的叙述，其中错误的是（　　　）。

    A. 可寻址内存空间为 1MB，可以分段但不能分页

    B. 段地址由段寄存器提供

    C. 中断服务需要使用中断描述符

    D. Pentium 处理器的保护机制仍然有效

52. 8088/8086 一切复位信号至少维持（　　　）个时钟周期的高电平有效。

A. 1　　　　　　　B. 2　　　　　　　C. 3　　　　　　　D. 4

53. 分组交换的"虚电路"是指（　　　）。

A. 并不存在的任何实际的物理线路

B. 以时分复用分时分段使用一条线路

C. 以频分复用方式使用一条线路

D. 逻辑上的一条假想的线路，实际上并不使用

54. Intel 8250 是可编程串行接口芯片，下面功能（　　　）不能通过对它编程来实现。

A. 在 50~9600b/s 范围内选择传输速率

B. 可选择奇校验、偶校验或无校验

C. 选择波特率系数

D. 进行 MODEM 功能控制

55. 下图是 ADSL MODEM 与 PC 机相连的示意图。

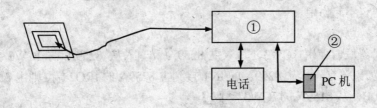

图中①、②分别表示以下（　　　）两种设备。

A. ADSL MODEM，ADSL 转换器　　　　　B. 集线器，ADSL MODEM

C. ADSL 终端，ADSL MODEM　　　　　　D. ADSL MODEM，以太网卡

56. RISC 芯片的特点之一是（　　　）。

A. 大多数指令在一个机器周期内完成

B. 有丰富的指令寻址方式

C. 一条指令可多次访问存储器以取得操作数

D. 指令数量大，种类多

57. 一般情况下 PC 机中的硬中断服务程序执行的是（　　　）。

A. 外部中断请求 CPU 完成的任务　　　　B. 主程序中安排的转移指令

C. 主程序中安排的输出指令　　　　　　D. 主程序中安排的调用指令

58. 为提高 PC 机主存储器的存取速度，出现了多种类型的 DRAM 内存条，若按存取速度从低到高排列，正确的顺序是（　　　）。

A. EDO DRAM，SDRAM，RDRAM　　　　B. EDO DRAM，RDRAM，SDRAM

— 17 —

C. SDRAM，EDO DRAM，RDRAM   D. RDRAM，DEO DRAM，SDRAM

59. 磁盘上的磁道是（   ）。
   A. 记录密度不同的同心圆   B. 记录密度相同的同心圆
   C. 记录密度不同的扇区   D. 记录密度相同的扇区

60. 下列文件的物理结构中，不利于文件长度动态增长的文件物理结构是（   ）。
   A. 顺序结构   B. 链接结构   C. 索引结构   D. Hash 结构

二、填空题

请将答案分别写在答题卡中序号为【1】至【20】的横线上，答在试卷上不得分。

1. 在 MOV WORD PTR [0072]，55AAH 指令的机器代码中，最后一个字节是【1】。

2. 指令 SAR 可用来【2】除 2，而指令 SHR 则可用来对无符号数除 2。

3. 用户要连接到网络中，无论安装哪一种协议，协议都要与【3】、客户机软件和服务进行绑定，否则协议不起作用。

4. 8259A 多片级联时使用 1CW3，写入主 8259A 和写入从 8259A 的 ICW3 的格式是不同的。例如，如果仅有一片从 8259A 的 INT 接到主 8259A 的 IRQ2 端，则主 8259A 的 ICW3＝00000100B，从 8159A 的 ICW3＝【4】。

5. 两片 8259A 级联时，写入主 8259A 和写入从 8259A 的 ICW3 的格式是不同的。如果从 8259A 的 INT 接到主 8259A 的 IRQ2 端，则从 8259A 的 ICW3=XXXXX010B，主 8259A 的 ICW3=【5】。

6. 计算机的速度可以用每秒钟所能执行的指令条数来衡量。若以单字长定点指令的平均执行速度来计算，则其单位是【6】。

7. 下面的汇编语言源程序经汇编后，发现 TEST [BX]，01H 指令有语法错误，试问该指令的正确形式应该是【7】。

```
DSEG        SEGMENT
DAT         DB          5,13,4,-2,6,23,44,-1,29,-3
CNT         DW          $-DAT
DSEG        ENDS
SSEG        SEGMENT     STACK
DB          256 DUP(0)
SSEG        ENDS
CSEG        SEGMENT
```

```
            ASSUME      DS:DSEG,SS:SSEG,CS:CSEG
START       PROC        FAR
            PUSH        DS
            XOR         AX,AX
            PUSH        AX
            MOV         AX,DSEG
            MOV         DS,AX
            XOR         AX,AX
            MOV         BX,OFFSET DAT
            MOV         CX,CNT
LP:         TEST        [BX],01H
            JZ          NEXT
            INC         AH
            ADD         AL,[BX]
NEXT:       INC         BX
            LOOP        LP
            RET
START       ENDP
CSEG        ENDS
            END         START
```

8. 第 7 题程序执行结束后，AX 寄存器中的内容是【8】（用十六进制表示）。

9. 若将第 7 题程序中的 JZ NEXT 指令修改为 JNZ NEXT 指令，则程序执行结束后，AX 寄存器中的内容是【9】（用十六进制表示）。

10. 将多台计算机互连成为以太网时，通常除了使用以太网卡和双绞线之外，还必须使用的一种网络设备是【10】。

11. 固化在网卡中的 EPROM 是【11】，Internet 网络上的每个节点都能必须指派一个唯一的地址，此地址是 IP 地址。

12. 通用异步收发器 8250 内部的发送器由发送保持寄存器、并/串发送移位寄存器和发送同步控制三部分组成。当要发送数据时，按照发送的要求将发送的并行数据变成串行数据，并对每一个数据添加起始位、校验位和【12】位，经 8250 的 SOUT 引脚发送出去。

13. 8086 中执行部件 EU 的功能是负责【13】的执行。

14. 处理信息的运算单元（运算器）内有整数运算部件 ALU，它用来执行当前指令所规定的算术运算和逻辑运算。在现今流行的高档微处理器内部还集成有【14】。

15. 目前广泛使用的 IP 地址由 3 个部分组成，它们是类型号、【15】号和主机号。

16. 鼠标器与 PC 机的接口有三种。传统的鼠标器使用 RS-232 接口，现在用得较多的是【16】接口和 USB 接口。

17. 状态信息表示外设当前所处的【17】，例如 READY（就绪信号）表示输入设备已准备好信息，BUSY（忙信号）表示输出设备不能接收数据。

18. 要在小区里开展视频点播的服务，家用 PC 接入网络可选用的方案是【18】。

19. 执行下述程序段后，（AX）=0101H，（BX）=0205H，（CX）=【19】。

```
A   DB    '1234'
B   DW    5 DUP（2,3 DUP（0））
C   DW    'AB', 'C', 'D'
L1: MOV   AL,   TYPE    B
    MOV   BL,   LENGTH B
    MOV   AH,   SIZE    A
    MOV   BH,   SIZE    C
    MOV   CL,   TYPE    L1
    MOV   CH,   SIZE    B
```

20. 输入／输出端口有两种编址方法，即 I/O 端口与存储器单元统一编址和 I/O 端口单独编址。前一种编址的主要优点是【20】，后一种编址的主要优点是专用 I/O 指令字节数少，指令执行快和不占用存储空间。

第 3 套

一、选择题

下列各题 A、B、C、D 四个选项中，只有一个选项是正确的，请将正确选项涂写在答题卡相应位置上，答在试卷上不得分。

1. 以下叙述中，正确的是（　　）。
   A. 指令周期大于机器周期　　　　　　　　B. 指令周期小于机器周期
   C. 指令周期等于机器周期　　　　　　　　D. 指令周期可能大于或小于机器周期

2. 使用 8086/8088 汇编语言的伪操作命令定义：VAL DB 54 DUP（7，2DUP（2DUP（1，2DUP（3）），4）），则在 VAL 存储区内前 10 个字节单元的数据是（　　）。
   A. 9，3，5，2，2，1，2，3，4，7　　　　B. 7，2，2，1，2，3，4，1，2，3
   C. 7，1，3，3，1，3，3，4，1，3　　　　D. 7，2，1，3，3，4，1，3，3，1

3. 一台多媒体 PC 机具有图像输入功能，为输入照片图像所采用的外部设备是（　　）。
   A. 鼠标　　　　　　B. 扫描仪　　　　　　C. 数字化仪　　　　　D. 键盘

4. 下列关于目前计算机发展的叙述中，错误的是（　　）。
   A. 计算机功能越来越强，使用越来越困难
   B. 计算机的处理速度不断提高，体积不断缩小
   C. 计算机功能逐步趋向智能化
   D. 计算机与通信相结合，计算机网络越来越普遍

5. 下面（　　）不是文件系统的功能。
   A. 文件系统实现对文件的按名存取
   B. 负责实现数据的逻辑结构到物理结构的转换
   C. 提高磁盘的读写速度
   D. 提供对文件的存取方法和对文件的操作

6. 寄存器间接寻址方式中，操作数在（　　）中。
   A. 通用寄存器　　　　B. 堆栈　　　　　　C. 主存单元　　　　　D. 段寄存器

7. 逻辑移位指令 SHL 用于（　　）。
   A. 带符号数乘 2　　　　　　　　　　　　B. 带符号数除 2
   C. 无符号数乘 2　　　　　　　　　　　　D. 无符号数除 2

8. 假设（DS）=1000H，（DI）=0400H，（10410H）=00H，下列指令执行后使（AX）=0420H 的指令是（　　　）。

    A．LEA AX,20[DI]　　　　　　　　　　B．MOV AX,OFFSET DI

    C．MOV AX,20[DI]　　　　　　　　　　D．LEA AX [DI]

9. 下面关于 PC 机性能的叙述中，错误的是（　　　）。

    A．CPU 的工作频率越高，通常处理速度就越快

    B．主存储器的存取周期越长，存取速度越快

    C．快存（高速缓存存储器）的速度比主存储器快得多

    D．总线传输速率不仅与总线的时钟频率有关，还与总线宽度有关

10. Pentium 4 微处理器在保护模式下中断服务程序的段基址由（　　　）提供。

    A．中断门描述符　　　　　　　　　　B．陷阱门描述符

    C．段描述符　　　　　　　　　　　　D．任务门描述符

11. PC 中 CPU 进行算术和逻辑运算时，可处理的二进制数据的长度为（　　　）。

    A．32 位　　　　　　B．16 位　　　　　　C．8 位　　　　　　D．8、16、32 位都可以

12. 通常用"平均无故障时间（MTBF）"和"平均故障修复时间（MTTR）"分别表示计算机系统的可靠性和可用性，下列（　　　）选项表示系统具有高可靠性和高可用性。

    A．MTBF 小，MTTR 小　　　　　　　B．MTBF 大，MTTR 小

    C．MTBF 小，MTTR 大　　　　　　　D．MTBF 大，MTTR 大

13. 在多道批处理系统中，为充分利用各种资源，运行的程序应具备的条件是（　　　）。

    A．适应于内存分配的　　　　　　　　B．计算量大的

    C．I/O 量大的　　　　　　　　　　　D．计算型和 I/O 型均衡的

14. 通过 PC 机键盘输入汉字时，需要经过多次代码转换（下图是代码转换过程的示意图）。

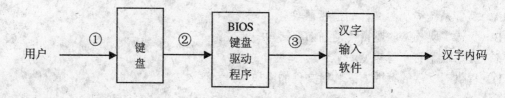

    上图中①、②、③分别是（　　　）。

    A．扫描码、汉字输入码、ASCII 码　　　B．ASCII 码、扫描码、汉字输入码

    C．汉字输入码、扫描码、ASCII 码　　　D．汉字输入码、ASCII 码、扫描码

15. 个人计算机系统中负责中断管理的器件一般是（　　　）。

    A．8237　　　　　　B．8251　　　　　　C．8253　　　　　　D．8259

16. 在 IBM-PC／XT 微机系统主板上的 8237A 控制器，可以提供给用户使用的 DMA 通道是（　　）。

  A. 通道 0   B. 通道 1   C. 通道 2   D. 通道 3

17. 当成千上万台终端设备需要相互通信时，在它们之间采用固定的连接是不现实的。解决方法是在要进行通信的终端之间建立临时连接，通信结束后再拆除连接，实现这种功能的设备称为（　　）。

  A. 调制解调器   B. 中继器   C. 交换器   D. 多路复用器

18. 目前流行的台式 PC 机不宜通过机箱提供的标准接口（或总线）连接器是（　　）。

  A. PCI 总线连接器   B. IEEE 1284 标准并口连接器

  C. USB 连接器   D. RS 232 标准串口连接器

19. 下列指令中，与进位标志 CF 无关的是（　　）。

  A. ADC AX，3FH   B. SBB BX，CX

  C. DEC DX   D. ADD AL，BLDAA

20. 假设由 CALL 指令调用的某子程序使用段内返回指令 RET4，该子程序执行到 RET4 指令时（　　）实现返回操作。

  A. 返回到 CALL 指令下面一条指令继续执行主程序

  B. 按照（SP）和（SP+1）中存放的地址执行返回操作

  C. 按照（SP+4）和（SP+5）中存放的地址执行返回操作

  D. 返回到 CALL 指令下面第 4 条指令继续执行主程序

21. 连接 PC 机扩展槽的总线是 PC 机的（　　）。

  A. 外部总线   B. 内部总线   C. 局部总线   D. 系统总线

22. 下列程序执行后，（SI）为（　　）。

  MOV CX，5

  MOV SI，4

  A1: INC SI

  INC SI

  LOOP A1

  A. 4   B. 5   C. 14   D. 15

23. 由 M_1、M_2 构成的二级存储体系中，若 CPU 访问的内容已在 M_1 中，则其存取速度为 T_1；若不在 M_1 中，其存取速度为 T_2。先设 H 为命中率（CPU 能从 M_1 中直接获取信息的比率），则该存储体系的平均存取时间 T_A 的计算公式是（　　）。

  A. HT_1+T_2 B. $(1-H)T_1+HT_2$

  C. T_2-HT_1 D. $HT_1+(1-H)T_2$

24. 下面关于 USB 的叙述中，错误的是（   ）。
    A．USB 2.0 的运行速度要比 USB1.1 快得多
    B．USB 具有热插拔和即插即用功能
    C．从外观上看 USB 连接器要比 PC 机并口连接器小巧
    D．USB 不能用过其连接器中的引脚向外设供电

25. 下列关于 CD-ROM 驱动器速度的（   ）是正确的。
    Ⅰ．18 速 CD-ROM 驱动器的速度是 1200KB / s
    Ⅱ．24 速 CD-ROM 驱动器的速度是 2400B / s
    Ⅲ．CD-ROM 驱动器最低数据传输率是 150KB / s
    Ⅳ．CD-ROM 驱动器的速度可以用平均数据传输率来衡量
    A．仅Ⅲ   B．仅Ⅳ   C．Ⅰ、Ⅱ   D．Ⅰ、Ⅱ、Ⅲ

26. 如果按字长来划分，微机可以分为 8 位机、16 位机、32 位机和 64 位机，所谓 32 位机是指该计算机所用的 CPU（   ）。
    A．同时能处理 32 位二进制数   B．具有 32 位的寄存器
    C．只能处理 32 位二进制定点数   D．有 32 个寄存器

27. 算术移位指令 SHR 用于（   ）。
    A．带符号数乘 2   B．无符号数乘 2
    C．带符号数除 2   D．无符号数除 2

28. 假设指令在内存中的物理地址是 1044EH，（CS）=0045H，（DS）=1000H，（SS）=0200H，（ES）=0300H，则该指令的偏移地址是（   ）。
    A．0FFFEH   B．044EH   C．0E44EH   D．0D44EH

29. 下面关于目前主流 PC 机中的几种总线工作频率的叙述中，错误的是（   ）。
    A．处理器总线工作频率一般与 PCI 总线工作频率相等
    B．处理器的主频一般高于处理器总线工作频率
    C．存储器总线工作频率一般低于处理器的主频
    D．存储器总线工作频率一般高于 PCI 总线工作频率

30. 下面四个寄存器中，可作为 16 位寄存器的是（   ）。
    A．CL   B．DL   C．BP   D．BH

31. 中断向量可以提供（   ）。
    A．被选中设备的起始地址   B．传送数据的起始地址
    C．中断服务程序的入口地址   D．主程序的断点地址

32. 用户使用扫描仪输入图片时，可以通过扫描软件设置相应的参数。下面是扫描图片时可设置的一些参数：

Ⅰ. 分辨率　　　　　　Ⅱ. 颜色数　　　　　Ⅲ. 扫描区域　　　　Ⅳ. 文件类型

上述参数中，（　　）与生成的图像文件的大小有关。

    A. 仅Ⅰ、Ⅱ和Ⅲ　　　　　　　　　　B. 仅Ⅰ和Ⅳ

    C. 仅Ⅱ和Ⅲ　　　　　　　　　　　　D. 全部

33. 计算机的主存有 3KB 字节，则内存地址寄存器需要（　　）位就足够了。

    A. 10　　　　　　B. 11　　　　　　C. 12　　　　　　D. 13

34. PC 中为使工作于一般全嵌套方式的 8259 中断控制器能接收下一个中断请求，在中断服务程序结束处应（　　）。

    A. 执行 IRET 指令　　　　　　　　　B. 执行 POP 指令

    C. 发送 EOI 命令　　　　　　　　　 D. 发送 OCW3 指令

35. PC 机的键盘向主机发送的代码是（　　）。

    A. 扫描码　　　　B. ASCII 符　　　　C. BCD 码　　　　D. 扩展 BCD 码

36. 在一个页式存储管理系统中，页表内容如下：若页的大小为 4KB，则地址转换机制将逻辑地址 0 转换成相应的物理地址（　　）。

    A. 8192　　　　　B. 4096　　　　　C. 2048　　　　　D. 1024

37. 分时操作系统的主要特点是（　　）。

    A. 个人独占计算机资源　　　　　　　B. 高可靠性和安全性

    C. 自动控制作业运行　　　　　　　　D. 多个用户共享计算机资源

38. 设 $X=ab$，$Y=cd$ 分别为 2 位二进制正整数，$X>Y$ 的逻辑表示式是（　　）。

    A. ac+abd+bcd　　　　　　　　　　B. ac+adb+bcd

    C. ad+abc+bcd　　　　　　　　　　D. ac+bcd+abd

39. 下列选项中允许用户监控各种网络信息的是（　　）。

    A. Net Watcher　　　　　　　　　　B. Freecell

    C. System Monitor　　　　　　　　　D. Remote Registry Service

40. 分辨率是鼠标器和扫描仪最重要的性能指标，其计量单位是 dpi，它的含义是（　　）。

    A. 每毫米长度上的像素数　　　　　　B. 每英寸长度上的像素数

    C. 每平方毫米面积上的像素数　　　　D. 每平方英寸面积上的像素数

41. 假设保护方式下 Pentium 微处理器的（DS）=0103H，则下列能被访问的段是（　　）。

    A. DPL=00　　B. DPL=01　　　C. DPL=10　　　D. DPL=11

42. 下面关于当前计算机发展趋势的叙述中，错误的是（　　）。

    A. 计算机的处理速度越来越快，存储容量越来越大

B. 计算机功能越来越强，使用越来越困难

C. 计算机越来越便宜，也越来越普及

D. 计算机与通信结合得越来越密切

43. 假设某硬盘存储器由单碟组成，每个盘面有 2000 个磁道，每个磁道有 1000 个扇区，每个扇区的容量为 512 字节，则该磁盘的存储容量大约为（　　）。

A. 1GB   B. 2GB   C. 3GB   D. 4GB

44. 下面是关于 8259A 可编程中断控制器的叙述，其中错误的是（　　）。

A. 8259A 具有将中断源按优先级排队的功能

B. 8259A 具有辨认中断源的功能

C. 8259A 具有向 CPU 提供中断向量的功能

D. 一片 8259A 具有 4 根中断请求线

45. Pentium4 微处理器的外部数据总线宽度是（　　）。

A. 64 位   B. 48 位   C. 32 位   D. 16 位

46. 微机中的控制总线提供（　　）。

A. 存储器和 I/O 设备的地址码

B. 存储器和 I/O 设备的时序信号和控制信号

C. 来自 I/O 设备和存储器的响应信号

D. 上述 B 和 C

47. 下面四种 PC 机使用的 DRAM 内存条中，速度最快的是（　　）。

A. 存储器总线时钟频率为 100MHz 的 SDRAM 内存条

B. 存储器总线时钟频率为 133MHz 的 SDRAM 内存条

C. 存储器总线时钟频率为 100MHz 的 DDR SDRAM 内存条

D. 存储器总线时钟频率为 133MHz 的 DDR SDRAM 内存条

48. 采用虚拟存储器的主要目的是（　　）。

A. 提高主存储器的存取速度

B. 扩大主存储器的存储空间，并能进行自动管理和调度

C. 提高外存储器的存取速度

D. 扩大外存储器的存储空间

49. 下面是关于 AGP 总线的叙述，其中错误的是（　　）。

A. 2×模式和 4×模式的基本时钟频率（基频）相等

B. 2×模式每个周期完成 2 次数据传送，4×模式每个周期完成 4 次数据传送

C. 2×模式的数据线为 64 位，4×模式的数据线为 128 位

D. AGP 图形卡可直接存取系统 RAM

50. Pentium4 微处理器在保护模式下访问存储器时需要使用段描述符。下面是关于段描述符功能的叙述，其中错误的是（　　　）。

A. 提供段基址 　　　　　　　　　　B. 提供段内偏移地址

C. 提供段的状态信息 　　　　　　　D. 提供段的限界

51. 某网站的域名为 www.neea.eud.cn，其子域名 edu 通常表示（　　　）。

A. 政府 　　　　B. 商业 　　　　C. 军事 　　　　D. 教育

52. 主机与 I/O 设备一般在（　　　）下利于工作，因此要由接口协调它们工作。

A. 同步方式 　　　B. 异步方式 　　　C. 联合方式 　　　D. 查询方式

53. 下面是关于 DRAM 和 SRAM 存储器芯片的叙述，其中正确的两个叙述是（　　　）。

Ⅰ. SRAM 比 DRAM 集成度高

Ⅱ. SRAM 比 DRAM 成本高

Ⅲ. SRAM 比 DRAM 快

Ⅳ. SRAM 要刷新，DRAM 不需要刷新

A. Ⅰ，Ⅱ 　　　B. Ⅱ，Ⅲ 　　　C. Ⅲ，Ⅳ 　　　D. Ⅰ，Ⅳ

54. 下面是关于 PC 主存储器的一些叙述：

①主存储器的基本编址单元的长度为 32 位

②主存储器也称为内存，它是一种静态随机存取存储器

③目前市场上销售的 PC 内存容量多数已达 64MB 以上

④PC 的内存容量一般是可以扩大的

其中错误的是（　　　）。

A. ①和③ 　　　B. ①和④ 　　　C. ①和② 　　　D. ③和④

55. 下面关于 8237 可编程 DMA 控制器的叙述中，错误的是（　　　）。

A. 8237 有一个四通道共用的 DMA 屏蔽寄存器和一个多通道屏蔽寄存器

B. 8237 编程时与处理器接口的数据线是 16 位的

C. 8237 每个通道有两种 DMA 请求方式：硬件 DMA 请求方式和软件 DMA 请求方式

D. 8237 每个通道在每次 DMA 传输后，其当前地址寄存器的值可通过编程设置成自动加 1 或减 1

56. 下面关于 PC 性能的叙述中，错误的是（　　　）

A. CPU 的工作频率越高，处理速度通常就越快

B. 主存的存取周期越长，存取速度越快

C. 高速缓冲存储器的存取速度比主存快得多

D. 总线传输速率不仅与总线的时钟频率有关，还与总线宽度有关

57. 下面是关于 AGP1×模式、2×模式和 4×模式的叙述，其中正确的是（　　）。
   A．它们的基本时钟频率（基频）分别为 66.66MHz、2×66.66MHz 和 4×66.66MHz
   B．它们每个周期分别完成 1 次数据传送、2 次数据传送和 4 次数据传送
   C．它们的数据线分别为 32 位、64 位和 128 位
   D．它们的地址线分别为 16 位、32 位和 64 位

58. 在 Windows XP 系统默认配置下，有些系统工具程序需要用户在"运行"对话框中输入命令才能启动（即不能通过菜单或工具栏等可视化操作来启动）。在下列系统工具中，需要在"运行"对话框中输入命令才能启动的是（　　）。
   A．注册表编辑器　　　　　　　　　　B．系统监视器
   C．网络监视器　　　　　　　　　　　D．磁盘清理程序

59. 如果互联的局域网高层分别采用 TCP/IP 协议与 SPX/IPX 协议，那么我们可以采用的互联设备是（　　）。
   A．中继器　　　　　B．网桥　　　　　C．网卡　　　　　D．路由器

60. 下面关于 USB 接口的说法中，不准确的是（　　）。
   A．USB 采用了一个层次化的新结构，具体来说就是集线器为 USB 设备提供连接点
   B．USB 规定了两种不同的连接器——A 系列和 B 系列，大多数主板上的 USB 端口通常是 B 系列连接器
   C．USB 符合 Intel 的即插即用规范
   D．USB 使用差分信号来执行信息的串行传输，这种传输在根集线器和 USB 设备之间进行

二、填空题
   请将答案分别写在答题卡中序号为【1】至【20】的横线上，答在试卷上不得分。

1. 若定义 X DB 1，3，5 DUP（0，1，2 DUP（7）），则在 X 存储区内前 7 个单元的数据是【1】。

2. 在数据传输方式中，DMA 方式与中断方式相比，主要优点是【2】。

3. 输入／输出端口有两种编址方法：I/O 端口与存储单元统一编址和 I/O 单独编址。前一种编址的主要优点是不需要专门设置【3】指令和对 I/O 的操作功能强。后一种编址的主要优点是专门的输入／输出指令执行快和不影响整个存储器空间。

4. 以下程序段的作用是将 STR1 的后【4】个数据传送到 STR2 中。
   STR1 DB 300 DUP（？）
   STR2 DB 100 DUP（？）
   …
   MOV CX，100

```
MOV BX，200
MOV SL，0
MOV DI，0
NEXT:    MOV AL，STR1[BX][SI]
MOV STR2[DI]，AL
INC SI
INC DI
LOOP NEXT
```

5. 若定义变量 DAT DB 0A5H，5BH，则执行 MOV AX，WORD PTR DAT 指令后 AX 寄存器的内容是【5】。

6. 条件转移指令的不确定性往往会影响指令流水线的执行效率。为此，Pentium 微处理器采取了指令预取和分支【6】技术，从而较好地解决了这一问题。

7. 运行下面的汇编语言程序，在 NUM 内存单元中得到的结果是【7】。

```
DSEG      SEGMENT
DAT       DB              5,13,4,-2,-6,23,3,1,9,0
CNT       EQU     $-DAT-1
NUM       DB              ?
DSEG      ENDS
SSEG      SEGMENT    STACK
          DB              256 DUP(0)
SSEG      ENDS
CSEG      SEGMENT
          ASSUME    DS:DSEG,SS:SSEG,CS:CSEG
START:    MOV      AX,DSEG
          MOV      DS,AX
          MOV      SI,OFFSET DAT
          MOV      CX,CNT
          XOR      BL,BL
LP:       MOV      AL,[SI]
          XOR      AL,[SI+1]
          TEST     AL,80H            ;两个相邻字节的最高位相同吗？
          JNE          NEXT
          INC          BL
NEXT:     INC      SI
          LOOP    LP
          MOV      NUM,BL
```

```
            MOV      AH,4CH
            INT              21H
CSEG     ENDS
            END      START
```

8. 若将第 7 题程序中的 JNE NEXT 指令修改为 JE NEXT 指令，则程序执行结束后，NUM 内存单元中得到的结果是【8】。

9. 在第 7 题程序中，INC BL 指令可以用一条功能等效的指令进行替换，该指令是【9】。

10. 若定义变量 DAT DW 1234H，执行 MOV AL，BYTE PTR DAT 指令后，AL 寄存器的内容是【10】。

11. 扫描仪的结构形式有多种，各有其不同的应用领域。办公室或家庭使用的扫描仪，一般都是【11】式扫描仪。

12. 微机同外部世界进行信息交换的工具（设备）是指【12】。

13. 下面是用简化段定义编写的程序，其功能是将数据段中 20 个字节的数组移入 20 个字的字表中，要求每个字节元素作为字表中的高位字节。在横线处填入适当的指令，使程序能完成预定的功能。

```
                . MODEL SMALL
                . 586
                . STACK 200H
                . DATA
BYTE     TAB     DB              20 DUP（？）
WORD    TAB DW             20 DUP（？）
                . CODE
            MOV AX,【13】
            MOV DS，AX
            XOR ESI，ESI
NEXT:    MOV AX，WORD_TAB[ESI*2]
            MOV   AH，BYTHTAB [ESI]
            MOV WORD_TAB [ESI*2]，AX
            INC ESI
            CMP ESI，20
            JB NEXT
            MOV AX，4C00H
            INT   21H
            END STAR
```

14. 下图为一个 32×32 阵列存储单元的示意图。若 A_9~A_5 从 00000、00001 逐步递增至 11111 时分别使 X_0、X_1 直至 X_{31} 有效，A_4~A_0 从 00000、00001 逐步递增至 11111 时分别使 Y_0、Y_1 直至 Y_{31} 有效，则为了选中存储单元（31，1），A_9~A_0 应为【14】H。

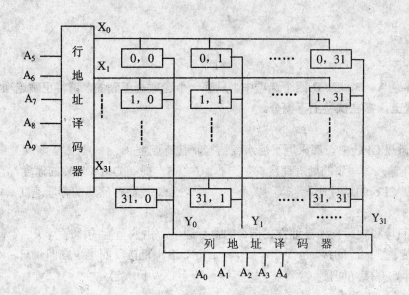

15. Pentium 4 微处理器的中断描述符表中包含 3 种类型的描述符，分别是中断门描述符、任务门描述符和【15】门描述符。

16. 8259A 的中断触发方式可以通过编程指定为边沿触发方式或【16】触发方式。

17. ASF（Advanced Stream Format）是微软公司开发的一种【17】文件格式。

18. 现代计算机系统中根据 CPU 指令组设计的风格，把计算机区分为两大类，这两大类计算机的名称（英文缩写）是 CISC 和【18】。

19. 根据下面的指令序列，CX 寄存器中的值应该是【19】。

```
SHR1            DW  'AB'
SHR2            DB   16DUP（?）
CNT             EQU  $－STR1
                MOV  CX，CNT
```

20. Intel CPU 工作在内存的实地址模式时，内存的物理地址由【20】和偏移地址两部分组成。

第4套

一、选择题

下列各题 A、B、C、D 四个选项中，只有一个选项是正确的，请将正确选项涂写在答题卡相应位置上，答在试卷上不得分。

1. 在现代微机 CPU 中，都采用了流水线结构，其特点是（ ）。
   A. 提高输入／输出的处理速度
   B. 提高 DMA 传输的速度
   C. 提高 CPU 的运行速度
   D. 提高存储器的存取速度

2. 直接、间接和立即三种寻址方式指令的执行速度，由快至慢的排序为（ ）。
   A. 直接、立即、间接
   B. 直接、间接、立即
   C. 立即、直接、间接
   D. 不一定

3. 若数据段偏移地址 0010H 处定义变量 VAR DW1，＄+2，5，则偏移地址 0012H 字单元的数据是（ ）。
   A. 1400H
   B. 0014H
   C. 0005H
   D. 0026H

4. RS-232C 标准中逻辑 0 的电平为（ ）。
   A. 0V~15V
   B. 5V~15V
   C. −3V~15V
   D. −5V~0V

5. MTBF（平均无故障时间）和 MTTR（平均故障修复时间）分别表示计算机系统的可靠性和可用性。下列（ ）选项表示系统可靠性高和可用性好。
   A. MTBF 高，MTTR 高
   B. MTBF 高，MTTR 低
   C. MTBF 低，MTTR 高
   D. MTBF 低，MTTR 低

6. 声音是一种物理信号，计算机要对它进行处理，必须将它表示成二进制数字的编码形式。图 1 是将模拟声音信号进行数字化的过程，其中步骤①和②对应的操作分别是（ ）。
   A. 量化、取样
   B. 取样、压缩
   C. 量化、压缩
   D. 取样、量化

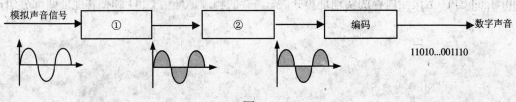

图 1

7. 若 256KB 的 SRAM 具有 8 条数据线，则它具有（　　）条地址线。

A. 10   B. 15   C. 20   D. 32

8. 指令 ADD CX，[SI＋10H] 中源操作数的寻址方式是（　　）。

A. 相对的变址寻址   B. 基址寻址

C. 变址寻址   D. 基址和变址寻址

9. 活动头磁盘存储器的寻道时间通常是指（　　）。

A. 最大寻道时间

B. 最小寻道时间

C. 最大寻道时间与最小寻道时间的平均值

D. 最大寻道时间与最小寻道时间之和

10. 已知（AL）＝ 6，（BL）＝7，执行下述指令后（AL）＝（　　）。

MUL　AL，　BL

AAM

A. 42   B. 2AH   C. 4   D. 2

11. 用补码表示的两个整数相加时，判断溢出的规则是（　　）。

A. 若结果的符号位是 0，则一定溢出

B. 若结果的符号位是 1，则一定溢出

C. 两个符号位相同的数相加，若结果的符号与加数的符号位相反，则一定溢出

D. 若结果的符号位有进位，则一定溢出

12. 主机与硬盘的接口用于实现主机对硬盘驱动器的各种控制，完成主机与硬盘之间的数据交换，目前台式 PC 机使用的硬盘接口电路主要是（　　）类型接口。

A. SCSI   B. USB   C. 并行口   D. IDE

13. 主存与辅存的区别不包括（　　）。

A. 能否按字节或字编址   B. 能否长期保存信息

C. 能否运行程序   D. 能否由 CPU 直接访问

14. 根据下面定义的数据段

DSEG　　　　　　　　SEGMENT

DAT1　　　　　　　　DB　'1234'

DAT2　　　　　　　　DW　5678H

ADDR　　　　　　　　EQU　DAT2-DAT1

DSEG　　　　　　　　ENDS

执行指令 MOV　AX，ADDR 后，AX 寄存器中的内容是（　　）。

A. 5678H   B. 7856H   C. 4444H   D. 0004H

15. 在所有由两个"1"和6个"0"组成的8位二进制带符号整数（补码）中，最小的数是（　　）。

    A．－127　　　　　B．－64　　　　　C．－128　　　　D．－65

16. 下列有关文本处理的叙述中，错误的是（　　）。

    A．不同的文字处理软件产生的文档可能互不兼容

    B．扩展名为 TXT 的文件通常是纯文本文件

    C．超文本文档采用网状结构组织信息

    D．Microsoft Word 处理的文件不可能保存为纯文本文件

17. 汇编语言指令中唯一不可缺少的域是（　　）。

    A．标号名字域　　　B．助记符域　　　　C．操作数域　　　D．注释域

18. 若要一个网络内部的各台计算机没有主次之分，完全平等地相互通信，并实现共享文件和共享打印机等功能，则所需的局域网工作模式是（　　）。

    A．对等工作模式　　　　　　　　　　B．客户机／服务器工作模式

    C．远程模式　　　　　　　　　　　　D．都不正确

19. Pentium 4 微处理器复位后，首先进入（　　）工作模式。

    A．实模式　　　　　　　　　　　　　B．保护模式

    C．虚拟 8086 模式　　　　　　　　　　D．系统管理模式

20. 下列（　　）指令必须修改操作数的类型属性。

    A．MUL BX　　　　　　　　　　　　B．MUL［BX］

    C．MOV AL，02H，　　　　　　　　　D．MOV AL，［BX］

21. 不能将累加器 AX 的内容清零的指令是（　　）。

    A．AND AX,0　　　　　　　　　　　B．XOR AX,AX

    C．SUB AX,AX　　　　　　　　　　　D．CMP AX,AX

22. 下面有 4 条指令：

    Ⅰ．MOV　　　　　　　AL,[BX+SI+1A0H]

    Ⅱ．MOV　　　　　　　AL,80H[BX][DI]

    Ⅲ．MOV　　　　　　　AL,[BP+SI-0A0H]

    Ⅳ．MOV　　　　　　　AL,[BP]

    其中(DS)=0930H，(SS)=0915H，(SI)=0A0H，(DI)=1C0H，(BX)=80H，(BP)= 470H。（　　）指令能在 AL 寄存器中获得相同的结果。

    A．仅Ⅰ和Ⅱ　　　　　　　　　　　B．仅Ⅱ和Ⅲ

    C．仅Ⅲ和Ⅳ　　　　　　　　　　　D．Ⅰ、Ⅱ、Ⅲ和Ⅳ

23. 下列描述中正确的是（　　　）。

    A. 汇编语言仅由指令语句构成

    B. 汇编语言包括指令语句和伪指令语句

    C. 指令语句和伪指令语句的格式是完全相同的

    D. 指令语句和伪指令语句需经汇编程序翻译成机器代码后才能执行

24. 局域网（LAN）指较小地域范围内的计算机网络，一般是一幢建筑物内或一个单位的几幢建筑物内的计算机互连而成的计算机网络。局域网有多种类型，目前使用最多的是（　　　）。

    A. FDDI   B. 以太网   C. ATM 局域网   D. 剑桥环网

25. 假设保护方式下 Pentium4 微处理器的（DS）＝0103H，则下列哪种类型的段能被访问（　　　）。

    A. DPL＝00B   B. DPL＝01B   C. DPL＝10B   D. DPL＝11B

26. 80386 的地址总线是（　　　）。

    A. 16 位   B. 20 位   C. 24 位   D. 32 位

27. 假设某 CPU 的时钟周期为5ns，所访问的主存的存取周期为60ns，为了正确读出主存中的指令和数据，还需在总线周期中插入两个等待状态，则此 CPU 的总线周期应该为（　　　）。

    A. 10ns   B. 20ns   C. 40ns   D. 50ns

28. 80X86 CPU 通过下列指令可对 I／O 端口进行读写（　　　）。

    A. 中断指令   B. 传送指令和串操作指令

    C. 输入／输出指令   D. 中断指令和输入／输出指令

29. 下列关于 PC 内存的叙述中，错误的是（　　　）。

    A. 内存条采用的是动态随机存储器

    B. 内存的基本编址单位是字节

    C. BIOS ROM 也是内存的一个组成部分

    D. 内存的容量是随意扩充的

30. 某 Modem 卡的说明书指出这个 Modem 卡是"即插即用"的、和 Windows 98 相匹配的，然而当用户将该卡安装到 Windows 98 计算机上后，Windows 98 并不能检测到该卡。可能的原因是（　　　）。

    A. 该 Mondem 卡一定不是"即插即用"匹配的

    B. 计算机上没有"即插即用"的 BIOS

    C. 计算机中没有该 Modem 卡的驱动程序

    D. 用户必须使用"添加新硬件"向导才能检测到该 Modem 卡

31. 设两个单字节带的整数 a=01001110，b=01001111，则 a−b 的结果是（　　）。
    A．11101111　　　　B．10000001　　　　C．11111111　　　　D．00000001

32. 当成千上万台终端设备需要相互通信时，它们之间采用固定的连接是极不经济的。解决方法是在要进行通信的终端之间建立临时连接，通信结束后再拆除连接，实现这种功能的设备称为（　　）。
    A．调制解调器　　　　B．中继器　　　　C．交换器　　　　D．多路复用器

33. 某处理器具有 64GB 寻址能力，则该处理器的地址线有（　　）。
    A．64 根　　　　B．36 根　　　　C．32 根　　　　D．24 根

34. 下面是有关扫描分辨率的叙述
    Ⅰ．扫描仪的分辨率通常用每英寸多少像素来表示
    Ⅱ．实际使用时设置的扫描分辨率越高越好
    Ⅲ．扫描仪的光学分辨率通常比插值分辨率低
    Ⅳ．扫描仪的水平分辨率和垂直分辨率相同
    其中正确的是（　　）。
    A．仅Ⅰ和Ⅱ　　　　B．仅Ⅰ和Ⅲ　　　　C．仅Ⅱ和Ⅳ　　　　D．仅Ⅲ和Ⅳ

35. 若有 BUF　DW　1，2，3，4，则可将数据 02H 取到 AL 寄存器中的指令是（　　）。
    A．MOV　AL，BYTE　PTR［BUF+1］　　　　B．MOV　AL，BYTE　PTR［BUF+2］
    C．MOV　AL，BYTE　PTR［BUF+3］　　　　D．MOV　AL，BUF［2］

36. 对磁盘进行移臂调度时，既考虑了减少寻找时间，又不频繁改变移动臂的移动方向的调度算法是（　　）。
    A．先来先服务　　　　　　　　　　B．最短寻找时间优先
    C．电梯调度　　　　　　　　　　　D．优先级高者优先

37. 下面的一些措施可提高微处理器的性能，Pentium 4 没有采用的是（　　）。
    A．降低电源电压
    B．提高工作频率
    C．增加功能更强的指令
    D．将定点通用寄存器从 32 位扩展到 64 位

38. 设 PC 中单字节带符号的整数 A＝01001110，B＝11100001，则 A−B 的结果是（　　）。
    A．00101111　　　　B．10010001　　　　C．01101101　　　　D．00101101

39. 显示存储器（显存）是 PC 机显卡的重要组成部分。下面是有关显存的叙述：
    Ⅰ．显存也称为帧存储器、刷新存储器或 VRAM
    Ⅱ．显存可用于存储屏幕上每个像素的颜色

Ⅲ. 显存的容量等于屏幕上像素的总数乘以每个像素的色彩深度

Ⅳ. 显存的地址空间独立，不与系统内存统一编址

以上叙述中，正确的是（　　　）。

A. 仅Ⅰ和Ⅱ　　　　　B. 仅Ⅱ和Ⅲ　　　　　C. 仅Ⅰ和Ⅳ　　　　　D. 仅Ⅰ、Ⅲ和Ⅳ

40. 假设（AL）=0FFH，依次执行 ADD　AL, 12 和 AND AL, 0FH 指令后，标志位 ZF 和 SF 的状态分别为（　　　）。

A. 0 和 0　　　　　B. 0 和 1　　　　　C. 1 和 0　　　　　D. 1 和 1

41. DMA 方式中，周期"窃取"是窃取一个（　　　）。

A. 存储周期　　　　B. 指令周期　　　　C. CPU 周期　　　　D. 总线周期

42. 执行下面的程序段后，AL 中的内容是（　　　）。

BUF DW　1221H, 5665H, 0001H

　　MOV BX，OFFSET BUF

　　MOV AL，2

　　XLAT

A. 12H　　　　　B. 21H　　　　　C. 56H　　　　　D. 65H

43. 下列叙述中最恰当地描述了进程与线程之间关系的是（　　　）。

A. 多个线程拥有多个进程　　　　　　　B. 多个进程可拥有多个线程

C. 线程与进程毫无关系　　　　　　　　D. 多个线程拥有单个进程

44. DirectX 是目前 Windows XP 系统中功能强大的多媒体支撑软件，它包含了多个组件，其中（　　　）组件提供了对 DVD 的支持（包括 DVD 的浏览与控制、音频/视频的解码与播放）。

A. DirectDraw　　　B. DirectSound　　　C. DirectPlay　　　D. DirectShow

45. Pentium 微处理器在保护模式下，(DS)=0008H 表示访问的描述符表和描述符号分别为（　　　）。

A. GDT, 0 号　　　B. LDT, 0 号　　　C. GDT, 1 号　　　D. LDT, 1 号

46. 进程是操作系统中一个重要的概念。下列有关进程的叙述中，错误的是（　　　）。

A. 进程是指程序处于一个执行环境中在一个数据集上的运行过程

B. 系统资源的分配主要是按进程进行的

C. 进程在执行过程中通常会不断地在就绪、运行和阻塞这 3 种状态之间进行转换

D. 在 Windows 98 中，所有的进程均在各自的虚拟机中运行，即进程的数目等于虚拟机的数目

47. 在 32 位微处理器指令系统中，PUSH EAX 指令的目的操作数寻址方式是（　　　）。

A. 立即寻址   B. 寄存器寻址

C. 寄存器相对寻址   D. 存储器直接寻址

48. CCD 芯片的像素数目和分辨率是数码相机的重要性能指标，两者具有密切的关系，例如，对于一个 80 万像素的数码相机，它所拍摄的照片的分辨率最高为（　　）。

  A. 1280×1024   B. 800×600

  C. 1024×768   D. 1600×1200

49. 计算机病毒是影响计算机系统正常运行的主要因素之一，目前以"PC 机+Windows 操作系统"为攻击目标的计算机病毒有成千上万种。在下列有关计算机病毒的叙述中，错误的是（　　）。

  A. Internet 是目前传播计算机病毒的主要途径

  B. 所有的计算机病毒都是程序代码

  C. 计算机病毒不仅感染可执行程序，也可感染 Word 文档等数据文件

  D. 完备的数据备份机制和管理机制是预防计算机病毒感染的最根本的手段

50. 假设在 DAT 为首地址的连续三个字单元中存放一个 48 位的数，问下面的程序段中第二条指令应填入（　　）助记符才能使 48 位数左移一个二进位。

SAL   DAT, 1

_____   DAT+2, 1

RCL   DAT+4, 1

  A. ROL   B. SAR   C. RCL   D. SHL

51. 汇编语言的程序代码必须位于代码段中，形成代码段物理地址的寄存器对是（　　）。

  A. SS SP   B. CS IP   C. DS BX   D. CS BX

52. CPU 接收中断类型码，将它右移（　　）位后，形成中断向量的起始地址，存入暂存器中。

  A. 1   B. 2   C. 3   D. 4

53. 一台显示器的图形分辨率为 1024×768，要求显示 256 种颜色，显示存储器 VRAM 的容量至少为（　　）。

  A. 512KB   B. 1MB   C. 3MB   D. 4MB

54. DMAC 与其他部件的关系如下图所示。

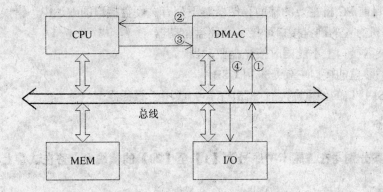

其中，DMAC 的 4 条信号线（按①、②、③、④顺序）的名称分别是（   ）。

A. DREQ、DACK、HPQ、HLDA
B. DREQ、HRQ、HLDA、DACK
C. HRQ、DREQ、DACK、HLDA
D. DREQ、HLDA、DACK、HRQ

55. 以下有关 PC 机声卡的叙述中，错误的是（   ）。

A. PC 机声卡的采样频率不大于 44.1kHz
B. 通过 PC 机声卡可以进行声音录制
C. 通过 PC 机声卡可以进行 MIDI 声音输入
D. 波形声音、MIDI 音乐等都可通过声卡的混音器进行混音和音效处理后输出

56. （   ）存储管理支持多道程序设计，算法简单，但存储碎片多。

A. 段页式   B. 固定分区   C. 页式   D. 段式

57. 平板显示器一般是指显示器的厚度小于显示屏幕对角线长度 1/4 的显示器件，其中本身不发光的是（   ）。

A. 液晶显示（LCD）
B. 等离子体显示（PDP）
C. 场发射显示（FED）
D. 电致发光显示（ELD）

58. 硬盘是 PC 机中主要的辅助存储器，以下是有关 PC 机硬盘的叙述

Ⅰ. PC 机使用的硬盘接口大多是 IDE（E-IDE）接口
Ⅱ. 硬盘上的记录块要用柱面号、磁头号、扇区号和记录块号四个参数来定位
Ⅲ. 每个扇区的容量为 512 字节
Ⅳ. 平均寻道时间与磁盘的转速有关

以上叙述中，正确的是（   ）。

A. 仅Ⅰ、Ⅱ和Ⅲ
B. 仅Ⅰ和Ⅲ
C. 仅Ⅱ和Ⅲ
D. 仅Ⅱ和Ⅳ

59. 常用的虚拟存储寻址系统由（   ）两级存储器组成。

A. 主存—外存   B. Cache—主存   C. Cache—外存   D. Cache—Cache

60. 硬盘是目前 PC 机主要的辅助存储器。下列有关硬盘接口的叙述中，错误的是（ ）。

    A. PC 机内置的硬盘接口可接多个硬盘驱动器

    B. 在硬盘接口上不能同时接光盘驱动器

    C. 移动硬盘的接口主要是采用 USB

    D. SCSI 接口的硬盘需配置 SCSI 卡，一般用于服务器

二、填空题

请将答案分别写在答题卡中序号为【1】至【20】的横线上，答在试卷上不得分。

1. 某显示器分辨率为 1024×768，屏幕刷新频率为 60HZ，像素位宽为 16bit，则显示器的刷新带宽为【1】。

2. 阅读下面的程序段，请填空。

1	TAB	DB	10H，20H，30H，40H，50H
2	P1	DD	02001000H
3	P2	DD	TAB
4	LDS	DI，	P1
5	LES	SI，	P2

   执行 4 指令后，（DS）＝【2】。

3. DRAM 是靠 MOS 电路中的栅极电容上的电荷来记忆信息的。为了防止数据丢失，需定时给电容上的电荷进行补充，这是通过以一定的时间间隔将 DRAM 各存储单元中的数据读出并再写入实现的，该过程称为 DRAM 的【3】。

4. RS-232C 关于机械特性的要求，规定使用一个【4】根插针的标准连接器。

5. Pentium 4 微处理器在保护模式下，中断描述符表内最多有【5】个中断描述符。

6. PC 主板芯片组中的北桥芯片组除了提供对 CPU 的支持之外，还能对【6】和 Cache 进行管理和控制，支持 CPU 对它们的高速数据存取。

7. 在 Windows 9x/2000/XP 中，同一个文件存储在软盘上或硬盘上，它所占用的磁盘空间大小通常是【7】的。

8. 设 PC 机中的一个 16 位整数如下

   | 1 | 111111111110000 |

   其中最高位是符号位，则它的十进制数值是【8】。

9. 下图为 PC 机中一种常用外设接口的图符，该接口的英文缩写为【9】。

10. 计算机中存放当前指令地址的寄存器称 【10】。在程序顺序执行时，如果存储器按字节编址，每执行一条指令后，该寄存器自动加上已经执行的指令的字节数；如果执行转移、调用、中断等指令，则该寄存器接收新的地址。

11. 在 7 位 ASCII 编码的最高位增加一位奇校验位就构成 8 位奇校验编码。若大写字母 K 的十六进制奇校验编码为 CBH，则大写字母 E 的十六进制奇校验编码为【11】。

12. 执行下列程序段后，写出 AX＝【12】H。

    MOV AL，87
    MOV CL，4
    MOV AH，AL
    AND AL，0FH
    OR AL，30H
    SHR AH，CL
    OR AH，30H

13. 近年来，PC 机中出现了两种高速串行通信端口，它们是 IEEE-1394 和 USB。USB 目前有 3 种版本，其中速度最快的是【13】版。

14. 喷墨打印机按【14】可以分为压电喷墨技术和热喷墨技术两大类型。

15. 一循环程序完成查找一组数据中是否有非零数据，控制循环应选取的循环控制指令是 LOOPZ，这时循环程序的循环终止条件是【15】。

16. 根据字形的描述方法，计算机内汉字字形主要有两种：一种是轮廓字形，另一种是【16】字形。

17. 下表为两种 RAM 类型的比较，表中"？"处应填写的 RAM 类型是【17】。

RAM 类型	基本存储电路单元	速度	集成度	功耗	价格
？	单管动态存储电路	较慢	高	低	低
SRAM	六管静态存储电路	快	较低	较高	较高

18. 若符号定义语句如下，则 L＝【18】。
    BUF1　DB　　1，2，'12'

```
BUF2   DB    0
L      EQU   BUF2－BUF1
```

19. 串处理指令规定源寄存器使用【19】，源串在 DS 段中；目的寄存器使用 DI，目的串必须在 ES 段中。

20. CMOS SETUP 程序是固化在 ROM BIOS 中的一个重要的程序模块，在系统自举装入程序执行之前，通常按下【20】键就可以启动该程序的执行。

第 5 套

一、选择题

下列各题 A、B、C、D 四个选项中，只有一个选项是正确的，请将正确选项涂写在答题卡相应位置上，答在试卷上不得分。

1. 若有多个外部设备申请中断服务，则中断控制器通过（ ）决定提交哪一设备的中断请求。
   - A. 中断屏蔽字
   - B. 中断向量字
   - C. 中断请求锁存器
   - D. 中断优先级裁决器

2. 微处理器芯片上 Cache 存储器的出现，是为了解决（ ）。
   - A. 软盘速度不能满足 CPU 的要求
   - B. 硬盘速度不能满足 CPU 的要求
   - C. 光驱速度不能满足 CPU 的要求
   - D. 主存速度不能满足 CPU 的要求

3. GB 2312−80 国家标准中，一级汉字位于 16~55 区，二级汉字位于 56~87 区。若某汉字的机内码（十六进制）为 DBA1，则该汉字是（ ）。
   - A. 图形字符
   - B. 一级汉字
   - C. 二级汉字
   - D. 非法码

4. 下述程序为一数据段，正确的判断是（ ）。
   ```
   DATA SEGMENT
        X DB 332H
        FIRST=1
        FIRST EQU 2
   ENDS
   ```
   - A. 以上 5 条语句为代码段定义，是正确的
   - B. 语句 3，4 分别为 FIRST 赋值，是正确的
   - C. 语句 2 定义变量 X 是正确的
   - D. 以上没有正确的答案

5. 下列四条指令都可以用来使累加器 AL 清"0"，但其中不能清 CF 的是（ ）。
   - A. XOR AL，AL
   - B. AND AL，0
   - C. MOV AL，0
   - D. SUB AL，AL

6. 在 PC 中引起中断的中断源通常分为 5 种类型，分别是：I/O 中断、（ ）、时钟中断、故障中断和程序中断。

A. 硬中断   B. 软中断

C. 奇偶检验错中断   D. 数据通道中断

7. 按下一个键后立即放开，产生 IRQ1 的个数是（   ）。

    A. 随机的   B. 1   C. 2   D. 3

8. 针式打印机是一种（   ）。

    A. 击打式打印机   B. 喷墨打印机

    C. 非击打式打印机   D. 单色打印机

9. 下面关于文本的叙述中，错误的是（   ）。

    A. 不同文字处理软件制作的文档中，文字属性的标记和格式的控制不完全相同

    B. 纯文本文档的文件扩展名通常是.txt

    C. MS Word 只能将文件保存为.doc 类型，不能保存为.html 类型

    D. 超文本中的结点可以分布在互联网的不同 Web 服务器中

10. 建立在网络操作系统之上的操作系统是（   ）。

     A. 批处理操作系统   B. 分时操作系统

     C. 实时操作系统   D. 分布式操作系统

11. 设一台 PC 机的显示器分辨率为 1024×768，可显示 65536 种颜色，问显示卡上的显示存储器的容量是（   ）。

     A. 0.5MB   B. 1MB   C. 1.5MB   D. 2MB

12. 采用精简指令集（RISC）技术的微处理器是（   ）。

     A. 8086   B. MC6800   C. 80386   D. Pentium

13. Pentium 4 微处理器复位后，首先进入（   ）工作模式。

     A. 实模式   B. 保护模式

     C. 虚拟 8086 模式   D. 系统管理模式

14. 关于 ASCII 字符集中的字符，下面叙述中正确的是（   ）。

     A. ASCII 字符集共有 128 个字符

     B. 每个字符都是可打印（或显示）的

     C. 每个字符 PC 机键盘上都有一个键与之对应

     D. ASCII 字符集中大小写英文字母的编码相同

15. 下面是有关 PC 系统总线的叙述：

     ①总线涉及各部件之间的接口和信息交换规程，它与系统如何扩展硬件结构密切相关

     ②系统总线上有三类信号：数据信号、地址信号和控制信号

③ISA 总线是 16 位总线，数据传输速率仅为 5MB/s，已经淘汰不再使用

④PCI 局部总线是 32 位总线，数据传输速率达 133MB/s，目前在 PC 中得到广泛应用

其中不正确的是（　　　）。

A. ③，④　　　　　B. ①，②　　　　　C. ③　　　　　D. ②

16. 某计算机的主存为 3KB，则内存地址寄存器需（　　　）位就足够了。

A. 10　　　　　B. 11　　　　　C. 12　　　　　D. 13

17. 下面是关于 Pentium4 微处理器中断描述符表的叙述，其中错误的是（　　　）。

A. 保护模式下中断描述符表占用 1KB 内存空间

B. 中断描述符表中包含中断门描述符、陷阱门描述符和任务门描述符

C. 中断门描述符和陷阱门描述符的选择子指向中断服务程序的段描述符

D. 中断服务程序的段描述符提供中断服务程序的段基址

18. 目前，我国家庭计算机用户接入互联网的下述几种方法中，传输速度最快的是（　　　）。

A. FTTH＋以太网　　　　　　　　　　B. ADSL

C. 电话 Modem　　　　　　　　　　　D. ISDN

19. 假设 DAT 为字节变量，下列三条指令中功能相同的是（　　　）。

1　MOV AL，DAT［2］

2　MOV AL，DAT＋2

3　MOV AL，2［DAT］

A. 三条都相同　　　　　　　　　　　B. 仅 1 和 2 相同

C. 仅 1 和 3 相同　　　　　　　　　　D. 仅 2 和 3 相同

20. Pentium4 微处理器利用突发式读周期传送 32 个字节的数据时，需要几个时钟周期（　　　）。

A. 8 个　　　　　B. 6　　　　　C. 5 个　　　　　D. 4 个

21. 下列指令中，有语法错误的是（　　　）。

A. MOV [SI],[DI]　　　　　　　　　B. IN AL,DX

C. JMP WORD PTR[BX+8]　　　　　　D. FUSH WORD PTR 20[BX+SI-2]

22. 计算机内存编址的基本单位是（　　　）。

A. 位　　　　　B. 字　　　　　C. 字节　　　　　D. 兆

23. 若定义 DAT DD 12345678H，则（DAT＋1）字节单元中的数据是（　　　）。

A. 12H　　　　　B. 34H　　　　　C. 56H　　　　　D. 78

24. 若 X 和 Y 均为无符号整数，且 X≤Y，则依次执行 MOV AX,X 和 CMP AX,Y 指令后，

标志位 CF 和 ZF 的状态是（　　　）。

A．CF=0 且 ZF=0　　　　　　　　　　B．CF=1 且 ZF=1

C．CF=0 或 ZF=0　　　　　　　　　　D．CF=1 或 ZF=1

25．在下面关于 PC 机标准接口技术的叙述中，错误的是（　　　）。

A．PC 机的串行接口（COM1 或 COM2）采用 RS-232 标准，因此采用同一标准的不同外设在需要时均可分别与 COM1 或 COM2 相连

B．硬盘的接口有 IDE 或 SCSI 等不同的标准，装机时要将采用 IDE 接口的硬盘与主板的 IDE 接口相连

C．采用 USB 标准接口的打印机和扫描仪不能同时与主机的两个 USB 接口分别相连，因为打印机和扫描仪是两种不同的外设

D．标准接口技术与总线技术是两个不同的概念，但都有利于微机的模块化结构设计

26．为了将 AX 和 BX 寄存器中存放的 32 位数据左移一位（其中 AX 寄存器中的数据为高 16 位），下面的程序段中应填写（　　　）指令。

SHL　AX，1

SHL　BX，1

———————

A．ADC　AX，0　　　　　　　　　　B．SHL　AX，1

C．ROL　AX，1　　　　　　　　　　D．RCL　AX，1

27．用 8 位二进制数的补码表示带符号的整数，所能表示的范围是（　　　）。

A．-128~+128　　　　　　　　　　B．-127~+127

C．-127~+128　　　　　　　　　　D．-128~+127

28．下列指令中，不合法的指令是（　　　）。

A．PUSH AL　　　　　　　　　　　B．ADC AX，[SI]

C．INT 21H　　　　　　　　　　　D．IN AX，03H

29．下面是 PC 机中的四种总线，其中工作频率最高的总线是（　　　）。

A．处理器总线　　　B．存储器总线　　　C．PCI 总线　　　　D．USB

30．声音是一种模拟信号，必须转换成为数字波形声音后才能在计算机中存储和处理。数字波形声音文件的大小与数字化过程中的下列哪些因素有关？（　　　）。

Ⅰ．量化位数　　　Ⅱ．采样频率　　　Ⅲ．声道数目　　　Ⅳ．压缩编码方法

A．仅Ⅰ，Ⅲ和Ⅳ　　　　　　　　　B．仅Ⅱ，Ⅲ和Ⅳ

C．仅Ⅰ，Ⅱ，和Ⅳ　　　　　　　　D．全部

31．Pentium 微处理器在突发式存储器读周期期间，W/R 和 Cache 信号分别为（　　　）。

A．高电平和高电平　　　　　　　　　B．高电平和低电平

C. 低电平和高电平　　　　　　　　　D. 低电平和低电平

32. 下面四种标准中，数据传输速率最低的是（　　　）。

A. USB 1.0　　　　B. USB 1.1　　　　C. USB2.0　　　　D. IEEE-1394

33. 通常，中断服务程序中的一条 STI 指令，其目的是（　　　）。

A. 开放所有屏蔽中断　　　　　　　　B. 允许低一级中断产生

C. 允许高一级中断产生　　　　　　　D. 允许同级中断产生

34. 通过破坏产生死锁的 4 个必要条件之一，可以保证不让死锁发生。其中采用资源有序分配法，是破坏（　　　）。

A. 互斥条件　　　　　　　　　　　　B. 不可剥夺条件

C. 部分分配条件　　　　　　　　　　D. 循环等待条件

35. 微软公司开发的一种用于传输音像数据的流媒体文件格式，它能依靠多种协议在不同网络环境下支持音像数据的传送，这种流媒体文件的扩展名是（　　　）。

A. .ASF　　　　　B. .WAV　　　　　C. .GIF　　　　　D. .AVI

36. 一片中断控制器 8259A 能管理（　　　）级硬件中断。

A. 10　　　　　　B. 8　　　　　　　C. 64　　　　　　D. 2

37. 随着 PC 机硬件的不断发展，以及应用需求的不断增长，Windows 操作系统也不断地推出新的版本。在下列有关 Windows 操作系统的叙述中，错误的是（　　　）。

A. Windows 3.x 不是一个独立的操作系统，它在 DOS 的基础上运行

B. Windows NT 中的 "NT" 是 "新技术" 的英文缩写，它是微软公司最新的操作系统

C. Windows 98 是第一个支持 FAT32 文件系统的 Windows 操作系统

D. Windows XP 分为多种不同的版本，以适合不同的需求

38. 软盘驱动器主要由驱动系统、磁头和读写电路，还有（　　　）组成。

A. 定位结构　　　　B. 读放大器　　　　C. 数据编码器　　　　D. 并—串转换

39. 下列 8086/8088 指令中，执行速度最快的是（　　　）。

A. NEG AX　　　　　　　　　　　　B. MOV CL, 2

C. XCHG DX, BX　　　　　　　　　　D. MOV [2200H], CX

40. 根据下面的程序段，AL 寄存器中的数据是（　　　）。

```
BUF DW   2152H, 3416H, 5731H, 4684H
MOV BX, OFFSET BUF
MOV AL, 3
XLAT
```

A．46H   B．57H   C．16H   D．34H

41．下列指令中，源操作数属于立即寻址方式的指令是（   ）。

A．ADD AX,[2000H]   B．MOV CX,2000H

C．ADD DX,AX   D．MOV AX,[DI]

42．根据下面的数据定义：

    ORG   10H
DAT1   DB   10 DUP(?)
DAT2   EQU   12H
DAT3   DW   56H,$+10

数据项$+10 的值是（   ）。

A．0026H   B．0027H   C．0032H   D．0033H

43．数字视频信息的数据量相当大，必须对数字视频信息进行压缩编码才适合于存储和传输。下面关于数字视频压缩编码的叙述中，错误的是（   ）。

A．VCD 光盘上存储的视频信息采用的是 MPEG-1 压缩编码标准

B．DVD 光盘上存储的视频信息采用的是 MPEG-2 压缩编码标准

C．JPEG2000 是一种最新的数字视频压缩编码标准

D．MPEG-4 是适合于交互式多媒体应用的一种视频压缩编码标准

44．下面是有关光盘刻录机的叙述，其中错误的是（   ）。

A．CD-R 光盘刻录机的刻录方式有整盘刻写方式和轨道刻写方式两种

B．CD-RW 光盘刻录机使用 CD-RW 盘片刻录时，可以进行重写操作

C．CD-RW 光盘刻录机只能使用 CD-RW 盘片，不能对 CD-R 盘片进行刻录

D．光盘刻录机的读出速度通常高于写入速度

45．8086 当前指令的地址存放在（   ）中。

A．CS: PC   B．DS: BP   C．SS: SP   D．CS: IP

46．在下列软件中，Windows XP 中不包含的是（   ）。

A．Microsoft FrontPage Express   B．Personal Web Server

C．Foxmail   D．NetMeeting

47．下面的中断中，只有（   ）需要硬件提供中断类型码。

A．INTO   B．INTn   B．NMI   D．INTR

48．在研制某一计算机应用系统的过程中，存储其监控程序应选用（   ）。

A．RAM   B．PROM   C．EPROM   D．ROM

49. 显卡的显示存储器容量越来越大，目前有些已达到 256MB 或 512MB。其主要原因是
（　　）。

    A．显示器的分辨率越来越高

    B．所显示的颜色数目越来越多

    C．所显示的三维真实感图形的质量越来越高

    D．显示器的刷新频率越来越高

50. 下面的程序段

    DAT　　　DB　　　　　1，2，3，4

    　　　　 MOV　　　　　AL，0

    　　　　 MOV　　　　　CX，4

    　　　　 MOV　　　　　SI，3

    LP:　　　 ADD　　　　　AL，DAT[SI]

    　　　　 DEC　　　　　SI

    　　　　 LOOPE　　　　LP

    　　　　 HLT

    执行结束后，AL 和 CX 寄存器中的内容分别是（　　　）。

    A．4 和 3　　　　　　B．7 和 2　　　　　　C．9 和 1　　　　　D．10 和 0

51. 现行的 PC 机中，IDE 接口标准主要用于（　　　）。

    A．打印机与主机的连接　　　　　　　　 B．外挂 MODEM 与主机连接

    C．软盘与主机的连接　　　　　　　　　 D．硬盘与主机的连接

52. Windows 内存管理程序使用了内存分页和 32 位线性寻址。整个 32 位地址空间分为四
    个主要段，其中第三个（从低地址到高地址，即 2000MB～3000MB）段的作用是（　　　）。

    A．系统保留区

    B．由 Windows 的所有过程使用的共享区

    Ｃ．私有区保存当前执行 WIN32 进程的地址空间

    D．16 位／MS-DOS 兼容性区

53. 下面不属于内部中断的是（　　　）。

    A．除数为 0　　　　B．非法地址　　　　C．非法数据格式　　　D．非法指令

54. 注册表是 Windows XP 存储各种软硬件配置信息的"仓库"。在下列有关 Windows XP 注
    册表的叙述中，错误的是（　　　）。

    A．注册表信息分存在多个文件中

    B．注册表中的最高层的键（根键）有 5 个

    C．在"运行"对话框中执行 RegEdit 命令，可以启动注册表编辑程序

    D．在机器每次启动时，系统会自动地产生一个注册表备份文件，默认情况下可保存最
       近 5 次的备份

55. 扫描仪的色彩位数越多，扫描仪所反映的色彩就越丰富，为了保证色彩还原准确，要求扫描仪的色彩位数至少达到（   ）。
    A. 16位   B. 24位   C. 30位   D. 36位

56. 通过声卡可以进行声音的输入/输出。下面是有关声卡连接的叙述，其中错误的是（   ）。
    A. 声卡有一个输入插孔，用于连接话筒
    B. 声卡的线路输入插孔不能连接 CD 唱机的输出
    C. 声卡的 MIDI in 接到 MIDI 键盘的 MIDI out，声卡的 MIDI out 接到 MIDI 合成器的 MIDI in
    D. 声卡的线路输出连接到音箱或耳机就能输出声音

57. 把目标程序中的逻辑地址转换成主存空间的物理地址称为（   ）。
    A. 存储分配   B. 地址重定位   C. 地址保护   D. 程序移动

58. 下列（   ）是不合法的指令。
    A. MUL BX   B. MUL [BX]   C. MOV AL,02H   D. MOV AL,[BX]

59. 决定磁盘存储器数据存取速度最重要的 3 个性能参数是（   ）。
    A. 平均寻道时间，磁盘旋转速度，存储器容量
    B. 平均等待时间，存储密度，数据传输速率
    C. 平均寻道时间，平均等待时间，数据传输速率
    D. 平均等待时间，数据传输速率，磁盘旋转速度

60. 在汇编语言程序设计中，若调用其他模块中的过程，则对该过程必须用下面的伪操作命令（   ）进行说明。
    A. PUBLIC   B. COMMON   C. EXTRN   D. ASSUME

二、填空题

请将答案分别写在答题卡中序号为【1】至【20】的横线上，答在试卷上不得分。

1. 把高级程序设计语言编制的源程序转换成机器能执行的程序，这是由【1】系统软件完成的。

2. 用二进制代码组成的计算机能直接识别的语言称【2】，用机器指令的助记符以及伪指令、宏指令表示的一种面向机器的语言称汇编语言，用该语言编写的程序需翻译成目标程序，最后再连接成为计算机能直接识别并执行的程序称可执行程序。

3. 刷新速率越高，图像的稳定性越好，CRT 显示器的刷新速率最好在【3】Hz 以上。

4. 80386 的地址总线能够有 4GB 实际空间和【4】KB 虚拟空间。

5. 半导体静态 RAM 靠【5】存储信息，半导体动态 RAM 靠电容存储电荷的原理来存储信息。

6. 若定义变量 DAT DW 'AB'，则执行 MOV AL，BYTE PTR DAT 指令后，AL 寄存器的内容是【6】。

7. PC 的硬件性能是从多个方面进行衡量的，其中输入/输出总线的传输速率也是一个重要的方面，它直接影响到计算机输入/输出的性能，其度量单位是【7】。

8. 众所周知，计算机是由五大部分组成，分别是运算器、控制器、存储器、输入设备和输出设备。其中存储器又分为内存储器和外存储器，外存储器和输入设备以及输出设备统称为外围设备，运算器、控制器和内存储器合称为【8】，而运算器和控制器两部分又称为中央处理器——CPU（Central Processing Unit）。

9. 宏定义体包括实现子功能的指令和伪操作，如果宏定义体中有一个或多个标号，则必须用【9】伪操作列出所有的标号。

10. 一个 8 位补码表示的短整数 A＝11110101（－11），转换成为数值相等的 12 位长整数表示后，A＝【10】。

11. CD 唱片上存放的数字立体声音乐，其取样频率为 44.1kHz，量化精度为 16 位，正常播放时它的码率为【11】kB/s。

12. 8237DMA 控制器在优先级【12】方式下，某通道的 DMA 请求被响应后，随即降为最低级。比如，其次传输前的优先级次序为 3－0－1－2，那么在通道 3 进行一次传输之后，优先级次序成为 0－1－2－3。

13. 若定义 DATA DW 'A'，则 DATA 和 DATA+1 两个相邻的内存单元中存放的数据是【13】。

14. 对于指令 XCHG BX，[BP＋SI]，如果指令执行前，（BX）＝6F30H，（BP）＝0200H（SI）＝0046H，（SS）＝ZF00H，（2F246H）＝415H，则执行指令后（BX）＝【14】，（2F246H）＝6F30H。

15. IEEE 1394 接口也称为 Firewire（火线）接口，它是一种按【15】方式传输数据的接口标准，具有热插拔、速度快、价格适中等特点。

16. 数字彩色图像的数据量很大，分辨率为 1024×768 的 1600 万种颜色的彩色图像，若将其数据量压缩到原来的 $\frac{1}{5}$，则一幅图像的数据量大约是【16】MB（保留 2 位小数）。

17. 下述程序功能为，将首地址为 FIRST 的字符串送到首地址为 SECOND 的内存区。请用一条指令填空。

CLD

LEA SI，FIRST

LEA DI，ES: SECOND

MOV CX，10

【17】

18. 进程从创建到终止，其状态一直在不断变化。在进程执行过程中，通常会频繁地在就绪、【18】和阻塞（等待）这 3 种状态间切换。

19. 已知 LNAME　DB　40　DUP（？）用 MOV 【19】, OFFSET LNAME 指令可将 LNAME 的偏移放入 BX。

20. CD-ROM 光盘上的信息按照一个个扇区存储在一条由内向外的螺旋光道上。每个扇区有一个固定地址，它用分、秒和【20】号来表示。

第6套

一、选择题

下列各题 A、B、C、D 四个选项中，只有一个选项是正确的，请将正确选项涂写在答题卡相应位置上，答在试卷上不得分。

1. 声音是一种模拟信号，必须经过数字化之后才能由计算机进行存储和处理，声音信号数字化的正确步骤是（　　）。
   A. 取样，编码，量化
   B. 量化，取样，编码
   C. 取样，量化，编码
   D. 编码，量化，取样

2. 下列指令中，（　　）指令先执行 CX-1→CX 操作，然后再根据 CX 的值决定是否转移、循环或进行重复操作。
   A. LOOP　　　　　B. JCXZ　　　　　C. REP　　　　　D. JNC

3. 某计算机主存容量为 2048KB，这里 2048KB 即为（　　）个字节。
   A. $2×2^{30}$　　　　B. $2×2^{20}$　　　　C. $2048×10^6$　　　　D. 2048

4. 计算机使用的图像文件格式有很多种，但目前在 Web 网页中使用的图像文件主要有两种，它们是（　　）。
   A. BMP 和 TIFF
   B. JPG 和 BMP
   C. JPG 和 GIF
   D. GIF 和 BMP

5. 下列指令中，不影响标志位的指令是（　　）。
   A. SUB　AX, BX
   B. ROR　AL, 1
   C. JNC　Label
   D. INT　n

6. 若定义 TAB DW 1，2，3，4，执行 MOV AX，TAB [2] 指令后，AX 寄存器中的数据是（　　）。
   A. 0200H　　　　B. 0002H　　　　C. 0403H　　　　D. 3

7. 主存储器采用（　　）方式。
   A. 随机存取　　　B. 顺序存取　　　C. 半顺序存取　　　D. 只读不写

8. 下列指令中，不影响标志寄存器 CF 位的指令是（　　）。
   A. ADD BL,CH
   B. SUB BX,1000

C. SAR DX,1   D. DIV CX

9. 指令周期是指（   ）。
   A. 取指令时间   B. 取操作数时间
   C. 取指令和执行指令时间   D. 存储操作结果时间

10. 在某一存储器系统中，设有只读存储器 10KB，随机存储器 54KB，使用 16 位地址来寻址。其中，只读存储器位于低地址段，其地址范围为（   ）。
    A. 0000H~27FFH   B. 0000H~0FFFH
    C. 0000H~3FFFH   D. 0000H~4FFFH

11. 采用电话拨号上网时，有许多因素会影响上网的速度。在下面给出的选项中，（   ）不会影响上网速度。
    A. 用户的 Modem 速率   B. 同时上网的人数
    C. Internet 服务提供商的 Modem 速率   D. 电话线的长度

12. 运行某程序时，假如存储容量不够，可通过（   ）来解决。
    A. 增加磁盘的密度   B. 把软盘换为硬盘
    C. 增加一个扩展存储卡   D. 把磁盘换为光盘

13. 下面关于 8259A 可编程中断控制器的叙述中，正确的是（   ）。
    A. 8259A 的 7 个命令字由初始化命令字 ICW1~4 及操作命令字 OCW1~3 组成
    B. 8259A 有 7 个端口
    C. 初始化命令字不必按一定的顺序写入 8259A
    D. 操作命令字不必按一定的顺序写入 8259A

14. Windows XP 操作系统属于（   ）。
    A. 单用户单任务操作系统   B. 单用户多任务操作系统
    C. 多用户多任务操作系统   D. 多用户单任务操作系统

15. 异步通信时完整的一帧信息一般包括 4 个部分,这 4 个部分传送时的正确顺序是（   ）。
    A. 停止位、起始位、数据位、校验位   B. 起始位、数据位、校验位、停止位
    C. 数据位、校验位、停止位、起始位   D. 起始位、数据位、停止位、校验位

16. 使用 Pentium CPU 的 PC 机中，DIMM 内存条的数据宽度为（   ）。
    A. 64 位   B. 32 位   C. 16 位   D. 8 位

17. 目前我国 PC 机用户大多还用 GB-2312 国标汉字编码进行中文信息处理。下面是有关使用 GB-2312 进行汉字输入输出的叙述，其中错误的是（   ）。
    A. 使用不同的汉字输入法，汉字的"输入编码"不完全相同
    B. 使用不同的输入法输入同一个汉字，其内码不一定相同

C. 输出汉字时，需将汉字的内码转换成可阅读的汉字

D. 同一个汉字在不同字库中，字型是不同的

18. 为了提高 DRAM 的读写速度，通常采用一些特殊的技术开发多种不同类型的 DRAM。下面四种 DRAM 中速度最快的是（   ）。

A. EDO DRAM

B. FPM DRAM

C. PC100 SDRAM

D. PC133 SDRAM

19. 在汇编语言程序设计中可使用 LEA BX VAR 和 MOV BX, OFFSET VAR 这两条指令取得变量 VAR 的偏移地址，试问这两条指令的执行速度（   ）比较快。

A. LEA BX，VAR 指令快

B. MOV BX，OFFSET VAR 指令快

C. 两条指令的执行速度相同

D. 由变量 VAR 的类型决定这两条指令的执行速度

20. PC 机中启动硬件中断服务程序执行的是（   ）。

A. 主程序中安排的中断指令

B. 中断控制器发出的中断请求信号

C. 主程序中安排的转移指令

D. 主程序中安排的调用指令

21. 已知（DS）=1000H，（BP）=0010H，（DI）=0100H，（010110H）=0ABH，（010111H）=0BAH，执行指令 LEA CX，[BP] [DI] 后，（CX）=（   ）。

A. 0100H   B. 0110H   C. 0ABBAH   D. 0BAABH

22. 在保护模式下，假设已知当前中断的中断类型为 5，中断描述符表中的基地址为 300H，那么中断描述符在中断描述符表中的起始地址（   ）。

A. 328H   B. 305H   C. 340H   D. 314H

23. 在下列 Windows XP 内置的支持多媒体功能的组件中，（   ）既支持二维与三维图形的处理，又支持音频和视频信息。

A. GDI   B. ApenG1   C. VFW   D. DirectX

24. 在汇编语言程序设计中，若调用不在本模块中的过程，则对该过程必须用伪操作命令（   ）说明。

A. PUBLIC   B. COMMON   C. EXTERN   D. ASSUME

25. 下列 80x86 指令中，不合法的指令是（   ）。

A. MOV DS, 1000

B. MOV BL, AL

C. MOVSB

D. SHL AX，1

26. 下列（   ）操作前应该进行开中断。

A. 保护现场　　　　　　　　　　　　B. 恢复现场

C. 执行中断服务程序　　　　　　　　D. 以上都应该

27. 彩色显示器的颜色是由红（R）、绿（G）、蓝（B）三种基色合成而得到的。假定表示 R、G、B 三种基色的二进制位数都是 8 位，则可显示的颜色数有（　　）种。

A. 1024　　　　　B. 16384　　　　　C. 65536　　　　　D. 16777216

28. 下面关于 AGP 的叙述中，错误的是（　　）。

A. AGP 1×模式、2×模式和 4×模式的基本时钟频率（基频）均为 66.66MHz（常简略为 66MHz）

B. AGP 1×模式每个周期完成 1 次数据传送，2×模式完成 2 次，4×模式完成 4 次

C. AGP 1×模式的数据线为 32 位，2×模式为 64 位，4×模式为 128 位

D. AGP 的基频高于 PCI 1.0 的总线工作频率

29. 下面关于 8250 的叙述中，错误的是（　　）。

A. 8250 是一个通用异步接收器/发送器

B. 8250 内部发送器中的发送移位寄存器的主要任务是将并行数据转换成串行数据发送

C. 8250 内部接收器中的接收移位寄存器的主要任务是将串行数据转换成并行数据接收

D. 8250 内部的发送器时钟和接收器时钟的频率与数据传输波特率相等

30. 下列（　　）不是现今打印市场的发展趋势。

A. 打印速度快　　　　　　　　　　　B. 面板控制简单化

C. 喷墨打印机比例大幅下降　　　　　D. 单张送纸槽

31. 在下列 Windows 系列操作系统的叙述中，正确的是（　　）。

A. Windows95 是 Windows 操作系统的第一个版本

B. Windows2000 是 Windows98 的改进版本

C. WindowsXP 分为多个版本，其专业版支持双 CPU 的 PC

D. 所有能安装 Windows XP 的计算机均能安装 Windows Vista，且能正常运行

32. 从硬件角度而言，采用硬件最少的数据传送方式是（　　）。

A. DMA 控制　　　B. 中断传送　　　C. 查询传送　　　D. 无条件传送

33. 在 VGA 显示器中，要显示 256 种颜色，则每个像素对应的显示存储单元的长度是（　　）位。

A. 16　　　　　　B. 8　　　　　　　C. 256　　　　　　D. 1

34. 文件系统与（　　）密切相关，它们共同为用户使用文件提供方便。

A. 处理器管理　　　　　　　　　　　B. 存储管理

C. 设备管理　　　　　　　　　　　　D. 作业管理

35. UNIX 操系统区别于 Windows XP 的主要特点是（　　）。
    A. 具有多用户分时功能　　　　　　　　B. 提供图形用户界面
    C. 文件系统采用多极目录结构　　　　　D. 提供字符用户界面

36. 下面的一段叙述中，Ⅰ～Ⅳ空缺处信号的英文名称分别是（　　）。
    "8237 接收到通道的 DMA 请求信号 Ⅰ 后，向 CPU 发出总线请求信号 Ⅱ，CPU 接收到该信号后，在当前总线周期结束之后让出总线，并使总线允许信号 Ⅲ 有效；当 8237 获得 CPU 送来的该信号后，便产生 DMA 响应信号 Ⅳ 送到相应的外设端口，表示 DMA 控制器响应外设的 DMA 请求，从而进入 DMA 服务过程。"
    A. DREQ、DACK、HRQ、HLDA　　　　B. DREQ、HLDA、DACK、HRQ
    C. HRQ、DREQ、DACK、HLDA　　　　D. DREQ、HRQ、HLDA、DACK

37. Windows XP 安装后，会在硬盘上生成一个复杂的文件夹结构，用户对其有所了解有助对系统的管理和维护。在下列文件夹中，用于存储鼠标对应的光标动画文件的是（　　）
    A. Cursors　　　　B. Debug　　　　C. System　　　　D. Drivers

38. 计算机中使用的图像文件格式有多种。下面关于常用图像文件的叙述中，错误的是（　　）。
    A. JPG 图像文件是按照 JPEG 标准对静止图像进行压缩编码生成的一种文件
    B. BMP 图像文件在 Windows 环境下得到几乎所有图像应用软件的广泛支持
    C. TIF 图像文件在扫描仪和桌面印刷系统中得到广泛应用
    D. GIF 图像文件能支持动画，但不支持图像的渐进显示

39. 下面关于 8259A 可编程中断控制器的叙述中，错误的是（　　）。
    A. 在 CPU 对 8259A 初始化编程时，若 4 个初始化命令字都需写入，则必须按 ICW1~ICW4 的顺序进行
    B. 多片 8259A 级联使用时，中断源最多只能扩展到 16 个
    C. CPU 在向 8259A 写完初始化命令字后，为了进一步提高它的中断处理能力，可继续向 8259A 写入操作命令字
    D. 8259A 的每一个中断源需要时都可以被屏蔽

40. 下列（　　）设备不能向 PC 机输入视频信息。
    A. 视频投影仪　　　B. 视频采集卡　　　C. 数字摄像头　　　D. 数字摄像机

41. 下面是关于目前流行的 PC 机主板的叙述：
    Ⅰ. 主板上通常包含微处理器插座（或插槽）和芯片组
    Ⅱ. 主板上通常包含 ROM BIOS 和存储器（内存条）插座
    Ⅲ. 主板上通常包含 PCI 和 AGP 总线插槽
    Ⅳ. 主板上通常包含 IDE 连接器
    其中正确的是（　　）。
    A. 仅Ⅰ　　　　　　　　　　　　　　　　B. 仅Ⅰ和Ⅱ

C. 仅 I 、II 和III   D. I 、II 、III和IV

42. 嵌入 Word 文档中的图片有两种类型，即图形（graphics）和图像（image），下面哪种文件属于图形文件类型（   ）。

A. BMP   B. TIF   C. JPG   D. WMF

43. MIDI 和 MP3 是 PC 机中两种不同类型的数字声音。下列叙述中，错误的是（   ）。

A. MIDI 是一种使用符号表示的、由计算机合成的音乐

B. MP3 是一种经过压缩编码的波形声音

C. 同一首乐曲的 MP3 文件比 MIDI 文件的数据量少

D. MIDI 和 MP3 都可以使用 Windows 的媒体播放器进行播放

44. 下面关于 8237 可编程 DMA 控制器的叙述中，错误的是（   ）。

A. 8237 复位后必须进行初始化编程，否则不能进入 DMA 操作

B. 当 CPU 控制总线时，8237 的 $\overline{IOR}$ 和 $\overline{IOW}$ 是 8237 的输入信号；当 8237 控制总线时，8237 的 $\overline{IOR}$ 和 $\overline{IOW}$ 是 8237 的输出信号

C. 8237 用 DACK 信号作为对 DREQ 的响应，因此在 DACK 信号有效之前，同一通道的 DREQ 信号必须保持有效

D. 当 CPU 控制总线时，A7~A0 是 8237 的输入线；当 8237 控制总线时，它们又是 8237 的输出线

45. Windows XP 支持的 FAT 文件系统有 FAT12、FAT16 和 FAT32，其中 FAT12 和 FAT16 的根目录所占用的扇区是固定的。对于硬盘来说，如采用 FAT16 文件系统，其根目录所占用的扇区为 32 个，则根目录中最多可以存储（   ）个目录项。

A. 1024   B. 512   C. 256   D. 224

46. 下面（   ）指令不能使进位标志 CF 置 "0"。

A. AND   AL, AL   B. MOV   AL, 0

C. SUB   AL, AL   D. CLC

47. 在 "先判断后工作" 的循环程序结构中，循环体执行的次数最少是（   ）次。

A. 1   B. 0   C. 2   D. 不定

48. 下面关于 C 类 IP 地址的叙述中，正确的是（   ）。

A. 它适用于中型网络   B. 所在网络最多只能连接 254 台主机

C. 它用于多目的地址发送（组播）   D. 它的最高 3 位一定是 "101"

49. 下面与 80x86 微处理器 I/O 有关的叙述中，错误的是（   ）。

A. 80x86 微处理器有专门的 I/O 指令，用于对 I/O 端口的寻址

B. 80x86 微处理器的 M/错误！不能通过编辑域代码创建对象。信号为 1 时，地址总线上的地址用于存储器寻址，为 0 时用于 I/O 端口的寻址

C. 80x86 微处理器构成的计算机系统，I/O 端口地址的总数最多不超过 256 个

D. 采用 80x86 微处理器构成的微机系统，能实现三种 I/O 控制方式，即程序控制方式、中断控制方式、DMA 控制方式

50. Windows XP 注册表的数据结构是层次型的，最高层共有 5 个根键，其中有些是主根键，有些是动态键或别名。主根键的个数有（　　）个。

A. 1　　　　　　　B. 2　　　　　　　C. 3　　　　　　　D. 4

51. 在现行 PC 机中，常用存储器地址线中的低 10 位作输入／输出口地址线。设某接口芯片内部有 16 个端口，该接口芯片的片选信号由地址译码器产生，则地址译码器的输入地址线一般应为（　　）。

A. 全部 10 位地址线　　　　　　　　B. 其中的高 8 位地址线

C. 其中的高 6 位地址线　　　　　　　D. 其中的高 4 位地址线

52. 假设就绪队列中有 10 个进程，系统将时间片设为 200ms，CPU 进行进程切换要花费 10ms，则系统开销所占的比率约为（　　）。

A. 1%　　　　　　　B. 5%　　　　　　　C. 10%　　　　　　　D. 20%

53. 下面关于以太局域网的叙述中，错误的是（　　）。

A. 接入局域网的计算机都需要有网卡

B. 每块网卡都有一个全球唯一的 MAC 地址，它是一个 16 位的十六进制数

C. 目前百兆速率的网卡采用的是 RJ45 插口

D. 集线器的主要功能之一是对接收的信号进行再生放大，以扩大网络的传输距离

54. 下面关于 PCI 和 IDE 的叙述中，正确的是（　　）。

A. PCI 是总线标准，IDE 是磁盘接口标准　　B. PCI 和 IDE 都是总线标准

C. PCI 和 IDE 都是磁盘接口标准　　　　　　D. PCI 是磁盘接口标准，IDE 是总线标准

55. 在 Windows 操作系统的发展过程中，其网络管理功能不断增强。在下列有关 Windows XP 网络通信功能的叙述中，错误的是（　　）。

A. Windows XP 以层次体系结构提供网络服务

B. 安装 Windows XP 的 PC 机只能作为客户机使用，不能以任何形式作为服务器使用

C. Windows XP 支持 TCP/IP、IPX/SPX 和 NetBEUI 等多种网络协议

D. Internet Explorer 是 Windows XP 的内置软件组件，不可单独卸载

56. 在下列有关"用户配置文件"的叙述中，正确的是（　　）。

A. 用户配置文件是为用户设定的限制

B. 用户配置文件决定了用户登录到 Windows 98 计算机的环境

C. 用户配置文件决定了用户能够在 Windows 98 计算机上运行的应用程序

D. 用户配置文件决定了用户何时登录到 Wndows 98 计算机上

57. 下面是关于两片 8237 级联构成主从式 DMA 控制器的叙述，其中正确的是（　　）。
   A．从片的 DHRQ 端和主片的 DACK 端相连，从片的 DREQ 端和主片的 DREQ 端相连
   B．从片的 DACK 端和主片的 DACK 端相连，从片的 DREQ 端和主片的 DREQ 端相连
   C．从片的 DHRQ 端和主片的 DACK 端相连，从片的 HLDA 端和主片的 DREQ 端相连
   D．从片的 DHRQ 端和主片的 DREQ 端相连，从片的 HLDA 端和主片的 DACK 端相连

58. 下面有关 ADSL 接入方式的叙述中，错误的是（　　）。
   A．ADSL 是一种非对称传输模式，其数据上传速度比下载速度快
   B．使用 ADSL 接入 Internet 时，PC 机中需要安装网卡
   C．ADSL 和 ISDN 接入方式一样，可以同时上网和打电话
   D．ADSL 和电话拨号接入方式相仿，但使用的 MODEM 不同

59. 某处理器具有 128GB 的寻址能力，则该处理器的地址线有（　　）。
   A．27 根　　　　　　B．32 根　　　　　　C．37 根　　　　　　D．128 根

60. 在下列进程调度算法中，可能引起进程长时间得不到运行的算法是（　　）。
   A．不可抢占式动态优先数算法　　　　　　B．可抢占式静态优先数算法
   C．不可抢占式静态优先数算法　　　　　　D．时间片轮转法

二、填空题

请将答案分别写在答题卡中序号为【1】至【20】的横线上，答在试卷上不得分。

1. 从静态的观点看，操作系统中的进程是由【1】、数据和进程控制块组成的。

2. 在 HDLC 同步传送规程中，同步字符的编码为【2】。

3. 16 位 PC 中带符号整数的有效范围是【3】。

4. 8086/8088 提供的能接受外中断请求信号的引脚是 INTR 和【4】、两种请求信号的主要不同处在于是否可屏蔽。

5. 执行下面的程序段后，在输出端口 37AH 的 D0 位（最低位）产生【5】。

MOV DX，37AH

OR AL，1

OUT DX，AL

AND　AL，1EH

OUT DX，AL

XOR AL，1

OUT DX，AL

HLT

6. ASDL MODEM 分为内置式、外置式和【6】。

7. Pentium4 微处理器在加电或复位时首先处于【7】工作模式。

8. 在计算机中，若一个整数的补码和原码相同，则这个整数一定大于或等于【8】。

9. 假设（AL）＝17H，（BL）＝34H，依次执行 ADD　AL，BL 和 DAA 指令后，（AL）＝【9】。

10. MIDI 声音与数字波形声音相比，MIDI 的数据量要少得多，编辑和修改也很容易，但它的主要缺点是无法表示【10】。

11. 当对堆栈操作时，8086 会自动选择【11】值作为段基值，再加上由 SP 提供的偏移量形成物理地址。

12. 假设 8086 / 8088 的时钟频率为 5MHz，则允许的存储器存取时间至少应该是【12】ns。

13. 突发传送可以实现一个时钟传送一次数据，故在总线宽度和总线时钟频率相同的情况下，支持突发传送的总线传输速率比不支持突发的总线传输速率【13】。

14. 在 Windows 环境下，CD－ROM 光盘通常采用【14】文件系统。该文件系统限定文件（夹）名的长度必须少于 32 个字符，文件夹的嵌套尝试不能超过 8 层。

15. 执行下列程序段后
    BUF　　　DW 2152H，3416H，5731H，4684H
    　　　　MOV　BX，OFFSET BUF
    　　MOV AL，3
    　　XLAT
    写出 AL＝【15】。

16. 每条指令的执行过程是由【16】、译码和执行等操作组成。

17. PC 机组成局域网时传输介质（俗称网线）选择很重要。常用的网线有双绞线、同轴电缆和【17】，后者大多用于网络中的高速干线部分。

18. 基本的用户模式进程有 4 类，即系统支持进程、【18】、环境子系统服务进程和应用程序进程。

19. Windows 防火墙将限制从其他计算机发送到用户计算机上的信息，从而可以更好地控制计算机上的数据，并针对那些未经邀请而尝试连接的用户或程序（包括病毒和蠕虫）提供了一条防御线。Windows 防火墙有 3 种设置：开、开并且无例外、【19】。

20. 无论是 386 处理器，还是 486 处理器、Pentium 系列处理器，它们均有 3 种工作模式，即实模式、保护模式和【20】。

第7套

一、选择题

下列各题A、B、C、D四个选项中，只有一个选项是正确的，请将正确选项涂写在答题卡相应位置上，答在试卷上不得分。

1. 计算机数据总线的宽度将影响计算机的技术指标的是（　　）。
   A. 运算速度　　　　　B. 字长　　　　　　C. 存储容量　　　　　D. 指令数量

2. 下列有关PC机的叙述中，错误的是（　　）。
   A. 微处理器只能用于PC机
   B. PC机中可能包含多个微处理器
   C. PC机中高速缓存（Cache）的作用是用来减少CPU的等待时间，提高系统速度
   D. 总线用于连接计算机中CPU、内存、辅存和输入/输出设备

3. 原码乘法运算规定（　　）。
   A. 操作码用原码表示，连同符号位直接相乘
   B. 操作数用原码表示，符号位不参与运算
   C. 操作数取绝对值相乘，根据符号位决定操作
   D. 操作数取绝对值相乘，符号位单独处理

4. 已知 IP＝1000H，SP＝2000H，BX＝283FH，指令 CALL WORD PTR [BX] 的机器代码是 FF17H，试问执行指令后，（1FFEH）＝（　　）。
   A. 28H　　　　　　　B. 3FH　　　　　　C. 00H　　　　　　D. 02H

5. 下列指令中，不影响标志位SF位的指令是（　　）。
   A. RCL AX, 1　　　　　　　　　　　B. SAR AX, 1
   C. ADC AX, SI　　　　　　　　　　D. AND BH, 0FH

6. 下面是关于描述符和描述符表的一些叙述：
   ①描述符是对指定任务及其存储空间的定义和说明
   ②全局描述符表GDT中不仅装有段描述符，而且还装有LDT描述符和TSS描述符
   ③LDTR中装有中断描述符表IDT的基地址
   ④LDTR中装有局部描述符表LDT的基地址
   其中（　　）叙述是正确的。
   A. ①、②和③　　　B. ①、②和④　　　C. ③　　　　　　D. ①和④

7. 下列程序执行后（AX）＝（　　　）。

    X DB   5，7－5

    MOV   AX，WORD PTR X

    A. 5   B. 57   C. 75   D. 517

8. 视频采集卡的基本功能是将模拟视频信号经过取样、量化，转换为数字图像并输入到主机。视频采集的模拟信号可以来自（　　　）。

    A. DVD 放像机   B. 有线电视   C. 影碟机（LD）   D. 以上设备均可

9. 下面关于 ROM 的叙述中，错误的是（　　　）。

    A. 目前 PC 机主板上的 ROM BIOS 的存储载体是 ROM 类芯片

    B. Flash ROM 芯片中的内容在一定条件下是可以改写的

    C. EPROM 芯片中的内容一经写入便无法更改

    D. EPROM、Flash ROM 芯片掉电后，存放在芯片中的内容不会丢失

10. 80x86CPU 可访问的 I／O 地址空间为（　　　）。

    A. 4GB   B. 1MB   C. 64KB   D. 1KB

11. 8086 系统中外围设备请求总线控制权是通过（　　　）进行的。

    A. NMI   B. INTR   C. TEST   D. HOLD

12. PC 中的数字声音有两种，一种称为波形声音，另一种是合成声音。从网络上下载的 MP3 音乐属于哪一种类型（　　　）。

    A. 波形声音   B. 合成声音

    C. MIDI   D. 以上都不是

13. 容量为 4.7GB 的 DVD 光盘片，使用 MPEG-2 对视频及其伴音进行压缩编码后，若码率大约是 10.4 Mbps，由此可推算出该盘片可以持续播放影视节目的时间大约为（　　　）。

    A. 1 小时   B. 2 小时   C. 3 小时   D. 4 小时

14. 在 MOVSB 指令中，其目的串的物理地址为（　　　）。

    A. DS＊2＊2＊2＊2＋SI   B. DS＊2＊2＊2＊2＋DI

    C. ES＊2＊2＊2＊2＋SI   D. ES＊16＋DI

15. 触摸屏系统一般包括两部分，即（　　　）。

    A. 触摸屏控制器（卡）、触摸检测装置   B. 键盘接口、自动信号切换盒

    C. 触摸屏控制器（卡）、自动信号切换盒   D. 键盘接口、触摸检测装置

16. 下列指令中操作数在代码段中的是（　　　）。

    A. MOV AL，25H   B. ADD AH，BL

    C．INC DS：［25H］   D．CMP AL，BL

17. 指令系统应该具备的特性包括（　　）。

    Ⅰ　完备性　　　　Ⅱ　有效性　　　　　Ⅲ　简明性　　　　　Ⅳ　效率

    A．·Ⅰ、Ⅱ、Ⅲ   B．Ⅰ、Ⅱ、Ⅳ

    C．Ⅲ、Ⅳ   D．Ⅰ、Ⅱ、Ⅲ、Ⅳ

18. 下述程序为一数据段，正确的判断是（　　）。

    1　DATA SEGMENT

    2　X DB 385H

    3　VAR＝1

    4　VAR EQU 2

    5　ENDS

    A．语句 2 定义变量 X 是正确的

    B．语句 3、4 分别为 VAR 赋值，是正确的

    C．以上 5 条语句为代码段定义，是正确的

    D．以上没有正确答案

19. 下面（　　）选项中的程序段可以将 AX 寄存器的高 4 位移至 BX 的低 4 位。

    A.   B.

      MOV   CL,4   MOV   CL,4

      SAL   AX,CL   SHL   AX,CL

      ROL   BX,CL   RCL   BX,CL

    C.   D.

      MOV   CX,4   MOV   CL,4

      LP: SHL   AX,1   LP: SHL   AX,1

          ROLBX,1   RCL   BX,1

          LOOP   LP   DECCL

          JNZ   LP

20. 一台具有 1024×768 分辨率、可显示 65536 种颜色的显示器，其显示适配器（显示卡）上显示存储器容量的配置为（　　）。

    A．512KB   B．1MB

    C．大于 1.6MB、小于 2MB   D．2MB

21. 为实现多重中断，保护断点和现场应使用（　　）。

    A．ROM   B．堆栈

    C．中断向量表   D．设备内的寄存器

22. 下面关于 PC 机输入/输出接口的叙述中，正确的是（　　）。

A．USB1.1 的运行速度比 USB2.0 快

B．当 PC 机具有 COM1 及 COM2 两个串口时，采用 RS 232 标准的外设既可与 COM1 相连，也可与 COM2 相连

C．IDE 接口和 EPP 接口均以并行方式传送信息，因此采用 IDE 接口的外设既可与 EPP 接口相连，也可与 IDE 接口相连

D．RS 232 接口和 USB 均以串行方式传送信息，因此它们的连接器具有相同的物理尺寸和外形

23．计算机系统的数据安全性极为重要，一旦数据被破环或丢失，会造成重大的影响甚至灾难性的后果。目前对 PC 机数据进行备份的方法有多种，对个人用户而言，下面（　　）做法很少使用。

A．使用磁带　　　　B．使用活动硬盘　　　C．使用光盘　　　　D．使用软盘

24．把目标程序中的逻辑地址转换成主存空间的物理地址称为（　　）。

A．存储分配　　　　B．地址重定位　　　C．地址保护　　　　D．程序移动

25．根据下列数据段中变量的定义，执行 MOV BX，ADDR 指令后，BX 寄存器中内容是（　　）。

DSEG SEGMENT

DAT DB　'1234'

ADDR DW DAT

DSEG ENDS

A．3231H　　　　B．3132H　　　　C．1234H　　　　D．0000H

26．下面是关于 Pentium 微处理器的段和页的叙述：

①若 CR0 寄存器中分页控制位 PG=0，则对于 4GB 的存储器空间，至少有 4K 个 1MB 的存储器段可以直接寻址

②若按照段选择子定义，则有 16K 个 232 字节的存储器段可以直接寻址

③若 CR0 寄存器中分页控制位 PG=1，则对于 4GB 的存储器空间，至少有 1M 个 4KB 的存储器页可以直接寻址

④若 CR4 寄存器中页大小扩展控制位 PSE=1，则对于 4GB 的存储器空间，只有 1K 个 4MB 的存储器页可以直接寻址

上面（　　）叙述是正确的。

A．①和②　　　　B．②、③和④　　　C．①、③和④　　　D．②和③

27．下列选项中，（　　）是 80x86 宏汇编语言使用的属性修改运算符。

A．SHORT　　　　B．NEAR　　　　C．FAR　　　　D．DW

28．硬盘的平均等待时间是指数据所在扇区转到磁头下方所需的平均时间，它与盘片的转速有关。目前主流硬盘的转速多为 5400rpm、7200rpm、10000rpm。转速为 7200rpm 的硬

盘，其平均等待时间约为（   ）。
    A．4ms   B．8ms   C．16ms   D．32ms

29. 8086/8088 响应中断时，不能自动压入堆栈的是（   ）。
    A．通用寄存器的内容   B．CS 的内容
    C．IP 的内容   D．标志寄存器的内容

30. 目前市场上销售的以 Pentium 4 为 CPU 的 PC 机，其主板已不提供的插座（或插槽）是
（   ）。
    A．微处理器插座（或插槽）   B．ISA 总线插槽
    C．PCI 总线插槽   D．存储器（内存条）插座

31. 如果采用两级 8237A 级联方式，最多可以构成（   ）个 DMA 通道。
    A．2   B．4   C．8   D．16

32. 执行下列（   ）指令后，就能用条件转移指令判断 AL 和 BL 寄存器中的最高位是否
相同。
    A．TEST AL，BL   B．CMP AL，BL
    C．AND AL，BL   D．XOR AL，BL

33. 操作系统是管理计算机软硬件资源、控制程序运行、改善人机界面和为应用程序提供支
持的一种系统软件。下面是有关操作系统的一些叙述，错误的是（   ）。
    I．从计算机诞生以来，所有的计算机都必须安装操作系统才能工作
    II．操作系统与计算机硬件无关，任何计算机均可安装任何操作系统
    III．操作系统的存储管理功能主要是指对内存的管理
    IV．PC 机只能安装和使用 MS-DOS 或 Windows 操作系统
    A．I、II、III和IV   B．仅I、II和IV
    C．仅I、III和IV   D．仅II、III和IV

34. 计算机网络从不同角度可以分为不同的类型，例如：①专用网，②公用网，③城域网，
④广域网，⑤局域网，⑥星型网，⑦总线网，⑧网状网，⑨ATM 网，等等。因特网（Internet）
属于（   ）。
    A．①、④和⑨   B．②、⑤和⑨
    C．②、③和⑥   D．②、④和⑧

35. 下面关于 Pentium 4 处理器的 MMX、SSE 和 SSE2 指令的叙述中，错误的是（   ）。
    A．MMX 指令有助于多媒体数据的处理
    B．SSE 指令是 MMX 指令的扩充
    C．SSE2 指令是 SSE 指令的扩充
    D．MMX 指令采用单指令单数据操作方式，而 SSE 和 SSE2 采用单指令多数据操作

方式

36. 一幅 1024×768 的彩色图像，其数据量达 2.25MB 左右，若图像数据没有经过压缩处理，则图像中每个像素是使用多少二进位表示的（　　）。

A. 8 位　　　　　　B. 16 位　　　　　　C. 24 位　　　　　　D. 32 位

37. 计算机中"处理器"的基本功能是：从存储器中取出指令，按指令的要求，对数据进行算术或逻辑运算，并把运算结果留在处理器中或送回存储器。下面关于处理器的叙述中，不正确的是（　　）。

①处理器主要由运算器和控制器组成，它包含若干"寄存器"，用来临时存放数据

②大规模集成电路的出现使得处理器的所有组成部分都能集成在一块半导体芯片上

③日常用的 PC 机中只有一个处理器，它就是中央处理器（CPU）

④处理器在一条指令没有执行完毕之前，不能开始执行新的指令

A. ①，③　　　　　B. ②，③　　　　　C. ②，④　　　　　D. ③，④

38. 操作系统是管理计算机软硬件资源、控制程序运行、改善人机界面和为应用软件提供支持的一种系统软件。下面是有关操作系统基本概念和功能的叙述：

①处理器管理也称为进程管理

②进程特指应用程序的执行过程

③所有的操作系统均支持虚拟存储技术

④文件目录是文件系统实现"按名存取"的主要手段

下面（　　）是错误的。

A. ①和②　　　　　　　　　　　　B. ②和③

C. ③和④　　　　　　　　　　　　D. ①、②、③和④

39. 下面是关于目前流行的 PC 机中 PCI 总线的叙述，其中正确的是（　　）。

A. 为提高总线速度，PCI 总线和 VESA 总线一样，常将其数据线和地址线与 CPU 相关引脚直接相连

B. PCI 总线的早期版本和 VESA 总线一样，数据线为 32 位

C. PCI 总线和 VESA 总线一样，它们都不是独立的总线，其性能指标与系统采用的 CPU 紧密相关

D. 与 ISA 总线是在原 PC / XT 总线的基础上经过扩充修改而成一样，PCI 总线是在原 ISA 总线的基础上经过扩充修改而成的

40. 下面关于串行通信的叙述中，错误的是（　　）。

A. 异步通信时，起始位和停止位用来完成每一帧信息的收发同步

B. 二进制数据序列在串行传送过程中，无论是发送还是接收，都必须由时钟信号对传送数据进行定位

C. 串行通信有单工、半双工和全双工三种方式

D. 对传送数据进行校验时，如果发送方按偶校验产生校验位，那么接收方可按偶校验

进行校验，也可按奇校验进行校验

41. 80x86 指令系统中，采用 32 位基址加变址寻址方式时，下列哪一个寄存器不能作为变址寄存器使用（　　　）。

    A. EAX   B. ESI   C. ESP   D. EDX

42. 执行下列程序段后，（DX）＝（　　　）。

```
        MOV   CX, 8
        MOV   DX, 12
LP:     ADD   DX, CX
        DEC   CX
        LOOP  LP
```

    A. 34   B. 35   C. 36   D. 37

43. 指令寄存器的位数取决于（　　　）。

    A. 存储器容量   B. 机器字长

    C. 指令字长   D. 指令字长和机器字长

44. 在 DMA 传送过程中，实现总线控制的部件是（　　　）。

    A. CPU   B. 外部设备   C. DMAC   D. 存储器

45. 下面是关于目前流行的台式 PC 机主板的叙述：

    Ⅰ. 主板上通常包含微处理器插座（或插槽）和芯片组

    Ⅱ. 主板上通常包含 ROM BIOS 和存储器（内存条）插座

    Ⅲ. 主板上通常包含 PCI 总线插槽和 AGP 插槽

    Ⅳ. 主板上通常包含串口连接器和并口连接器

    其中，正确的是（　　　）。

    A. 仅Ⅰ   B. 仅Ⅰ和Ⅱ

    C. 仅Ⅰ、Ⅱ和Ⅲ   D. Ⅰ、Ⅱ、Ⅲ和Ⅳ

46. 下面是关于目前流行的 PC 能通过其机箱接插件引出的总线或接口的叙述，其中错误的是（　　　）。

    A. 通过机箱提供 PCI 总线

    B. 通过机箱提供 IEEE 1284 标准并口

    C. 通过机箱提供 USB

    D. 通过机箱提供 RS－232 标准串口（COM 口）

47. Pentium 4 微处理器可支持的最大物理内存空间和最大虚拟存储空间分别是（　　　）。

    A. 64TB 和 4GB   B. 64GB 和 64TB

    C. 4GB 和 64TB   D. 64TB 和 64GB

48. Pentium 微理器进行存储器读操作时，在时钟周期 T_1 期间，完成下列操作（　　）。
    A．W/R 信号变为高电平　　　　　　　　B．发送存储器地址
    C．读操作码　　　　　　　　　　　　　　D．读操作数

49. 以下有关 PC 机声卡的叙述中，错误的是（　　）。
    A．声卡用来控制声音的输入输出，目前 PC 机声卡大多是 PCI 声卡
    B．PC 机声卡的核心是数字信号处理器（DSP），它在完成数字声音的编码、解码和许多
       编辑操作中起着重要的作用
    C．PC 机声卡中处理的数字声音有波形声音和 MIDI 合成声音两类
    D．PC 机声卡附带的 MIDI 合成器都是数字调频（FM）合成器

50. 一幅 1024×768 的彩色图像，其数据量达 2.25MB 左右，若图像没有经过压缩处理，则图
    像中的彩色是使用（　　）二进位表示的。
    A．8 位　　　　　　　B．16 位　　　　　　C．24 位　　　　　　D．32 位

51. 实现 OSI 七层协议的低两层协议的主要网络设备是（　　）。
    A．网络接口适配器　　　　　　　　　　B．集线器
    C．堆栈式集线器　　　　　　　　　　　D．交换机

52. 8086 对外部请求响应优先级最高的请求是（　　）。
    A．NMI　　　　　　　B．INTR　　　　　　C．HOLD　　　　　　D．READY

53. 下面操作前应该开中断的是（　　）。
    A．保护现场前　　　　　　　　　　　　B．执行中断服务程序
    C．恢复现场前　　　　　　　　　　　　D．以上都应该

54. 下列有关 VFW 说法正确的是（　　）。
    A．它是 Microsoft 开发的关于数字视频的软件包
    B．实现了操作与设备的无关性的一组函数集
    C．以动态连接库 WinMM. DLL 的形式提供
    D．面向游戏通信和网络支持

55. 以下论述正确的是（　　）。
    A．在简单中断时，中断是由其他部件完成，CPU 仍执行原程序
    B．在中断过程中，又有中断源提出中断，CPU 立即实现中断嵌套
    C．在中断响应中，保护断点、保护现场应由用户编程完成
    D．在中断响应中，保护断点是由中断响应自动完成的

56. 指令队列的作用是（　　）。
    A．暂存操作数地址　　　　　　　　　　B．暂存操作数

C. 暂存指令地址　　　　　　　　　　D. 暂存预取指令

57. 下列几种光盘存储器中，可对写入的信息进行改写的是（　　）。
    A. CD-RW　　　　B. CD-ROM　　　　C. CD-R　　　　　　D. DVD -ROM

58. 下列说法中正确的是（　　）。
    A. Windows 98 不能提供 Novell NetWare 服务器的远程访问
    B. IP 地址是 TCP/IP 网络中计算机的标识
    C. 只要正确设置了 IP 地址和子网掩码，就可以和局域网以外的计算机进行通信了
    D. 主网络登录如果设置为"Windows 登录"将支持网络连接

59. 芯片组是构成主板控制电路的核心，在一定意义上说，它决定了主板的性能和档次。下
    面是关于主板芯片组功能的叙述：
    Ⅰ　芯片组提供对 CPU 的支持
    Ⅱ　芯片组提供对主存的管理
    Ⅲ　芯片组提供标准 AT 机用 I／O 控制（如中断控制器、定时器、DMA 控制器等）
    Ⅳ　芯片组提供对标准总线槽和标准接口连接器的控制
    其中，正确的是（　　）。
    A. 仅Ⅰ　　　　　　　　　　　　　B. 仅Ⅰ、Ⅱ
    C. 仅Ⅰ、Ⅱ、Ⅲ　　　　　　　　　D. Ⅰ、Ⅱ、Ⅲ及Ⅳ

60. 将多台 PC 机组成以太局域网时，需要一些连接设备和传输介质。下面（　　）是不需
    要用到的。
    A. 网卡　　　　　B. 集线器　　　　　C. 网线和接头　　　D. 调制解调器

二、填空题

请将答案分别写在答题卡中序号为【1】至【20】的横线上，答在试卷上不得分。

1. 超文本采用网状结构组织信息，各结点间通过【1】链接。

2. 以下程序实现的功能是端口 20H 读进的数据乘端口 30H 读进的数据，结果存放在【2】
   中。

```
START:  IN   AL, 20H
        MOV  BL, AL
        IN   AL, 30H
        MOV  CL, AL
        MOV  AX, 0
NEXT:   ADD  AL, BL
        ADC  AH, 0
        DEC CL
```

```
                JNZ NEXT
        HLT
```

3. 字符 "A" 的 ASCII 值为 41H，因此字符 "E" 的 ASCII 值为【3】，前面加上偶校验位后的代码为 C5H。

4. Pentium 微处理器中一个补码表示的 16 位整数为 1111 1110 1001 1101，其十进制值是【4】。

5. Windows XP 提供了一系列可用于直接访问和使用多媒体设备的 API 组件。其中，支持图形、图像。音频和视频信息的处理，且用户可以从微软的有关网站下载其新文本的多媒体组件是【5】。

6. 如果 TABLE 为数据段中 0032 单元的符号名,其中存放的内容为 1234H,当执行指令"MOV AX，TABLE"（AX）=【6】。

7. 当执行下列指令后，（AL）=【7】,（DX）=3412H。
   STR1 LABEL WORD
   STR2 DB 12H
       DB 34H
       …
       MOV AL，STR2
       MOV DX，STR1

8. 计算机的主存储器（内存）用来存储数据和指令，为了实现按地址访问，每个存储单元必须有一个唯一的地址。PC 主存储器的编址单位是【8】。

9. Cable MODEM 的上传数据和下载数据的速率是不同的。数据下行传输时，一个 6MHz 的频率可传输的数据率通常能达到【9】。

10. 当复位信号（RESET）来到时，CPU 便结束当前操作并对标志寄存器、IP、DS、ES、SS 及指令队列【10】，而将 CS 设置为 0FFFFH。

11. 直接存储器存取 DMA 之前，需要对 DMA 存储器进行初始化，初始化包括被传送数据的首地址、【11】和传送数据的方向三项内容。

12. 已知汉字 "大" 的区位码是 2003H，在 PC 机中其内码的十六进制表示是【12】。

13. 一个 8 位补码表示的带符号整数 11110101B，其十进制数值为【13】。

14. 硬盘的数据传输速率有外部数据传输速率和内部数据传输速率之分。一般来说，内部数据传输速率要【14】于外部数据传输速率。

15. 在 80x86 微处理器的中断/异常向量表中，保留给系统使用的中断/异常类型号是固定的，它们是 0H~【15】H。

16. GB18030 采用不等长的编码表示方法，有些字符用单字节表示，有些用双字节表示，还有些采用四字节表示。其中大多数常用汉字的编码长度为【16】位。

17. 在保护模式下，Pentium 微处理器的中断向量表的大小为【17】。

18. 若定义 DATA DW 1234H，执行 MOV BL，BYTE PTR DATA 指令后，（BL）=【18】。

19. 一个单位或一个部门的局域网欲经电信部门提供的公共数据通信网接入互联网，通常使用的网络互连设备是【19】。

20. ACPI 为 PC 主机定义了 6 种不同的能耗状态（S_0~S_5），S_0 为正常工作状态，S_1~S_3 为睡眠状态，S_4 为休眠状态，S_5 为【20】状态。

第8套

一、选择题

下列各题 A、B、C、D 四个选项中，只有一个选项是正确的，请将正确选项涂写在答题卡相应位置上，答在试卷上不得分。

1. 汇编语言源程序经汇编后不能直接生成（　　）。
   A. OBJ 文件　　　　　B. LST 文件　　　　　C. EXE 文件　　　　　D. CRF 文件

2. 在 80286 的已译码指令队列中，可以存放（　　）条已译码的指令。
   A. 1　　　　　　　　B. 2　　　　　　　　C. 3　　　　　　　　D. 4

3. PC 机中确定硬中断服务程序的入口地址是根据（　　）形成的。
   A. 主程序的调用指令
   B. 主程序中的转移指令
   C. 中断控制器发出的类型码
   D. 中断控制器的中断服务寄存器（ISR）

4. 假设整数用补码表示，下列叙述中正确的是（　　）。
   A. 两个整数相加，若结果的符号位是 0，则一定溢出
   B. 两个整数相加，若结果的符号位是 1，则一定溢出
   C. 两个整数相加，若符号位有进位，则一定溢出
   D. 两个同号的整数相加，若结果的符号位与加数的符号位相反，则一定溢出

5. 在 80x86 微处理器系统中，从下列（　　）微处理器开始已经将浮点运算部件集成到 CPU 芯片内部。
   A. 80286　　　　　　B. 80386　　　　　　C. 80486　　　　　　D. Pentium Pro

6. 在段定义中，（　　）是默认的定位类型。
   A. PAGE　　　　　　B. PARA　　　　　　C. WORD　　　　　　D. BYTE

7. 当有多个设备申请中断服务时，中断控制器通过（　　）决定提交哪一个设备的中断请求。
   A. 中断屏蔽字　　　　　　　　　　　B. 中断优先级裁决器
   C. 中断向量字　　　　　　　　　　　D. 中断请求锁存器

8. 通常情况下，一个外中断服务程序的第一条指令是 STI，其目的是（　　）。

A. 开放所有屏蔽中断   B. 允许低一级中断产生

C. 允许高一级中断产生   D. 允许同一级中断产生

9. 现行 PC 机的联网技术中，采用串行方法与主机通信时，其数据传输速率的单位经常采用（　　）。

    A. Mb／s   B. Kb／s

    C. Mb／s   D. Mb／s 或 Kb／s

10. 假设主频为 66MHz 的 Pentium 微处理器以非流水线方式访问存取时间为 60ns 的 DRAM 存储器，则在 T1 周期与 T2 周期之间至少应插入（　　）等待状态。

    A. 1 个   B. 2 个   C. 4 个   D. 6 个

11. 由于光盘的光道多，寻道难，加上光道之间距离小，要使激光光头能准确找到目标光道必须有一个快速、高精度光点伺服系统。通过棱镜执行机构中棱镜移动，把激光光头准确定位在目标光道上的技术称为（　　）。

    A. 浮动伺服技术   B. 驱动寻址技术

    C. 光点控制技术   D. 伺服控制技术

12. 下面关于计算机汉字编码的叙述中，错误的是（　　）。

    A. 使用不同的汉字输入法，同一个汉字的输入编码不同

    B. 使用不同的汉字输入法，输入计算机中的同一汉字，其内码不同

    C. 不同字体（如宋体、仿宋、楷体、黑体等）的同一汉字，其内码相同

    D. 多数汉字的内码在计算机中用两个字节表示

13. Pentium 4 微处理器在保护模式下访问存储器时，生成的线性地址是（　　）位。

    A. 20   B. 48   C. 32   D. 64

14. 下列有关光盘驱动器的主要性能指标的说法中，正确的是（　　）。

    A. 数据传输速率是以倍速即第一代光驱的传送速率为单位的

    B. 光驱采用统一大小的缓冲区，因为缓冲区的大小对性能无影响

    C. 寻道时间是指从光头调整到数据所在轨道到送出数据所用时间

    D. 光驱数据读出不存在误码率

15. 若（AX）＝0122H，四个标志位 CF、SF、ZF、OF 的初始状态为 0，执行指令 SUB AX，0FFFH 后，这 4 个标志位的状态是（　　）。

    A. ZF＝0，SF＝0，CF＝0，OF＝0   B. ZF＝0，SF＝1，CF＝1，OF＝0

    C. ZF＝1，SF＝0，CF＝0，OF＝1   D. ZF＝1，SF＝1，CF＝1，OF＝1

16. 采用级联方式使用 8259 中断控制器，可使它的硬中断源最多扩大到（　　）。

    A. 64 个   B. 32 个   C. 16 个   D. 15 个

17. 输入设备用于向计算机输入命令、数据、文本、声音、图像和视频等信息，其中命令信息是用户向计算机发出的操作请求。下面是一组 PC 机常用的输入设备：

①笔输入设备　　　　　②键盘　　　　　③鼠标　　　　　④触摸屏

以上输入设备中，（　　）可用来输入用户命令信息。

A．①、②、③和④
B．①、②和③
C．②和③
D．②和④

18. 在微机中，CPU 访问各类存储器的频率由高到低的次序为（　　）。

A．高速缓存、内存、硬盘、磁带
B．内存、硬盘、磁带、高速缓存
C．硬盘、内存、磁带、高速缓存
D．硬盘、高速缓存、内存、磁带

19. 下面关于 8237 可编程 DMA 控制器的叙述中，正确的是（　　）。

A．由于 8237 的 DREQ 和 DACK 有效电平的极性是可以通过写 8237 的控制寄存器进行设置的，因此，可以将某个通道的 DREQ 和 DACK 分别设为高电平有效和低电平有效，而将别的通道的 DREQ 和 DACK 分别设为低电平有效和高电平有效

B．8237 提供 4 种工作方式（单字节传送方式、数据块传送方式、请求传送方式和级联传送方式），每个通道可以分别工作在 4 种方式之一

C．8237 每个通道有一个 16 位的"基本字节计数器"和一个 16 位的"当前字节计数器"，占用 8237 的两个端口地址

D．8237 每个通道有一个 16 位的"基本字节计数器"和一个 16 位的"当前字节计数器"，占用 8237 的两个端口地址

20. 下列关于文本的叙述中，错误的是（　　）。

A．不同文本处理软件产生的文件中，文字属性标志和格式控制命令不完全相同

B．纯文本文件的后缀名通常是".txt"。

C．Word 产生的 RTF 文件中只有可打印的 ASCII 字符，不含任何属性标志和控制符号

D．超文本是一种网状结构的文本文件

21. 计算硬件系统中，Cache 是指（　　）。

A．只读存储器
B．可编程只读存储器
C．可擦除可再编程只读存储器
D．高速缓冲存储器

22. 在一段汇编程序中多次调用另一段程序，用宏指令实现比用子程序实现（　　）。

A．占内存小，但速度慢
B．占内存大，但速度快
C．占内存空间相同，速度慢
D．占内存空间相同，速度快

23. 以太网中的计算机相互通信时，为了避免冲突，采用下面（　　）方法和协议。

A．CSMA/CD
B．ATM
C．TCP/IP
D．X.25

24. PC 机中，DRAM 内存条的速度与其类型有关，若按存取速度从低到高的顺序排列，正

确的是（   ）。
A．SDRAM、RDRAM、EDO DRAM
B．EDO DRAM、SDRAM、RDRAM
C．EDO DRAM、RDRAM、SDRAM
D．RDRAM、EDO DRAM、SDRAM

25．用汇编语言编制的程序称为（   ）。
A．源程序
B．解释程序
C．编译程序
D．目标程序

26．下面关于总线的叙述中，错误的是（   ）。
A．总线的位宽指的是总线能同时传送的数据位数
B．总线标准是指总线传送信息时应遵守的一些协议与规范
C．PC 机中的 PCI 总线不支持突发传送方式
D．总线的带宽是指每秒钟总线上可传送的数据量

27．PC 中 CPU 执行 MOV 指令从存储器读取数据时，数据搜索的顺序是（   ）。
A．L1 Cache、L2 Cache、DRAM 和外设
B．L2 Cache、L1 Cache、DRAM 和外设
C．DRAM、外设、L2 Cache 和 L1 Cache
D．外设、DRAM、L1 Cache 和 L2 Cache

28．关于采用奇偶校验的内存和 ECC 内存，下面四种描述中，正确的是（   ）。
A．二者均有检错功能，但无纠错功能
B．二者均有检错和纠错功能
C．前者有检错和纠错功能，后者只有检错功能
D．前者只有检错功能，后者有检错和纠错功能

29．下面是有关 DRAM 和 SRAM 存储器芯片的叙述
Ⅰ．DRAM 存储单元的结构比 SRAM 简单
Ⅱ．DRAM 比 SRAM 成本高
Ⅲ．DRAM 比 SRAM 速度快
Ⅳ．DRAM 要刷新，SRAM 不需刷新
其中正确的是（   ）。
A．Ⅰ和Ⅱ
B．Ⅱ和Ⅲ
C．Ⅲ和Ⅳ
D．Ⅰ和Ⅳ

30．下列关于计算机硬件的叙述中，错误的是（   ）。
A．微处理器只能作为 PC 机的 CPU
B．目前广泛使用的 Pentium 4 处理器是 32 位的微处理器
C．主存容量单位一般用 MB 或 GB 表示，1GB=1024MB
D．系统总线的传输速率直接影响计算机的速度

31．现行 PC 机中的硬盘所采用的接口标准，主要有（   ）。

A. USB 和 SCSI   B. IDE 和 SCSI
C. USB 和 IDE   D. SCSI 和 Centronics

32. Intel Pentium 内部有两个各为 8KB 的指令 Cache 和数据 Cache，其目的是（   ）。
   A. 弥补片外 Cache 容量的不足   B. 弥补内存容量的不足
   C. 弥补外存容量的不足   D. 加快指令执行速度

33. 下面关于采用总线结构在系统设计、生产、使用和维护方面的优越性的叙述中，描述不正确的是（   ）。
   A. 便于采用模块化结构设计方法，可见化系统设计
   B. 标准总线可以得到多个厂商的广泛支持，便于生产与计算机兼容的硬件板卡和软件
   C. 便于故障诊断和维修，但同时也增加了成本
   D. 模块结构方式便于系统的扩充和升级

34. 常用的虚拟存储系统由（   ）两级存储器组成，其中辅存是大容量的磁表面存储器。
   A. 主存—辅存   B. 快存—主存
   C. 快存—辅存   D. 通用寄存器—主存

35. 视频信息采用数字形式表示后有许多特点，下面的叙述中错误的是（   ）。
   A. 不易进行编辑处理   B. 数据可以压缩
   C. 信息复制不会失真   D. 有利于传输和存储

36. 在一段汇编程序中多次调用另一段程序，用宏指令比用子程序实现（   ）。
   A. 占内存空间小，但速度慢   B. 占内存空间大，但速度快
   C. 占内存空间相同，速度快   D. 占内存空间相同，速度慢

37. CPU 接收中断类型码，将它左移（   ）位后，形成中断向量的起始地址，存入暂存器中。
   A. 1   B. 2   C. 3   D. 4

38. 计算机中使用的图像压缩编码方法有多种，JPEG 是一种使用范围广、能满足多种应用需求的国际标准。在允许有失真但又不易被察觉的要求下，JPEG 一般能将图像压缩（   ）倍。
   A. 5 倍以下   B. 100 倍左右   C. 50 倍左右   D. 10 倍左右

39. 为了使 AX 和 BX 寄存器中的两个 16 位二进制数具有相同的符号位，下面的程序段中应填写什么指令？（   ）
   PUSH   AX

   ―――――――――

   TEST   AX,8000H

```
    JZ        SAME
    XOR       BX,8000H
    SAME: POP     AX
```

    A．AND　AX, BX   B．XOR　AX, BX

    C．SUB　AX, BX   D．OR　　AX, BX

40. 在 386 处理器的保护模式中，处理器提供了 4 级 "保护环"，即分为 4 环。在 WindowsXP
    中，系统只使用了其中的（　　）。
    A．0 环和 2 环　　　　B．0 环和 3 环　　　　C．1 环和 3 环　　　　D．2 环和 4 环

41. 在 8088 汇编语言中允许的数值型常量为（　　）。
    A．十进制数、十六进制数
    B．二进制数、十进制数
    C．二进制数、十进制数、十六进制数
    D．二进制数、八进制、十进制数、十六进制数

42. 下面是关于加速图形端口 AGP 的叙述，其中错误的是（　　）。
    A．AGP 1×模式、2×模式和 4×模式的基本时钟频率（基频）是相同的
    B．AGP 插槽中只能插入 AGP 图形卡，不能插入 PCI 图形卡
    C．AGP 1×模式、2×模式和 4×模式的数据线分别为 32 位、64 位和 128 位
    D．AGP 图形卡可以直接访问系统 RAM 的内容

43. 硬盘存储器是 PC 机最重要的、必备的外存储器。下面关于硬盘的叙述中，错误的是
    （　　）。
    A．硬盘存储器的驱动器和盘片组装成一个整体，用户不能更换盘片
    B．硬盘的盘片可能不止 1 片
    C．硬盘盘片的转速很高，目前大约每秒钟几千转甚至上万转
    D．由于盘片转动速度特快，因此读写数据时磁头悬浮在盘片上方，不与盘片接触

44. Pentium 微处理器执行程序时，若遇到异常则进行异常处理。如果处理完毕后仍返回出
    现异常的指令重新执行，则这种异常属于（　　）。
    A．故障（Fault）　　　　　　　　　　B．陷阱（Trap）
    C．终止（Abort）　　　　　　　　　　D．中断（Interrupt）

45. 伪操作 "ARRAY DB 50DUP（0，3 DUP（1，2），0，3）" 中定义了（　　）字节。
    A．550 个　　　　　　B．500 个　　　　　　C．450 个　　　　　　D．400 个

46. 计算机网络的类型很多，例如：①专用网；②公用网；③城域网；④广域网；⑤局域网；
    ⑥星状网；⑦总线网；⑧网状网；⑨ATM 网；等等。Internet 属于什么类型（　　）。
    A．①，④，⑨　　　　　　　　　　　B．②，④，⑧

C. ②，③，⑥   D. ②，⑥，⑨

47. 计算机网络是由（   ）组成的。

A. 可独立工作的计算机、通信设备、通信线路

B. 通信设备、通信线路

C. 可独立工作的计算机、通信设备

D. 可独立工作的计算机、通信设备、通信线路、交换机

48. 微处理器通过接口从外部输入数据时，在输入端口中（   ）。

A. 数据只需经反相器后就可读入   B. 数据只需经寄存器后就可读入

C. 数据可以直接读入   D. 数据需经三态缓冲器读入

49. 容量为 4.7GB 的 DVD 光盘片可以持续播放 2 小时的影视节目，由此可推算出使用 MPEG-2
压缩编码后视频及其伴音的总码率大约是（   ）。

A. 5.2 Mbps   B. 650 kbps   C. 10.4 Mbps   D. 2.6 Mbps

50. 在 RS-232C 标准中，规定发送电路和接收电路采用（   ）接收。

A. 单端驱动双端   B. 单端驱动单端

C. 双端驱动单端   D. 双端驱动双端

51. 集线器（HUB）是局域网中除了网卡以外必不可少的设备。下列关于集线器（HUB）功
能的叙述中，不正确的是（   ）。

A. 可对接收到的信号进行再生放大

B. 能将一个端口接收到的信息向其余端口分发出去

C. 当端口不够用时，可以与另一个集线器级联以扩大端口数量

D. 能对接收到的信号进行调制

52. 下列关于进程的叙述中，（   ）是正确的。

A. 进程获得处理机而运行是通过调度而得到的

B. 优先数是进行进程调度的重要依据，一旦确定不能改变

C. 在单 CPU 系统中，任意时刻都有一个进程处于运行状态

D. 进程申请 CPU 得不到满足时，其状态变为等待状态

53. 在下列有关 Windows XP 的叙述中，正确的是（   ）。

A. 所有的操作系统组件均运行在内核模式

B. 空闲进程对应于 Idle.exe 文件

C. 从"任务管理器"窗口中看，通常有多个映像名称为 Svehost.exe 的进程

D. 在 Windows XP 环境下运行的 Windows 应用程序是 64 位的

54. 连接在 Internet 上的每一台主机都有一个 IP 地址。IP 地址分成 5 类，其中 C 类 IP 地址

适用于主机数目不超过多少台的小型网络？（　　　）

A. 62　　　　　　B. 254　　　　　　C. 126　　　　　　D. 30

55. 下面是关于 8237 可编程 DMA 控制器的叙述，其中错误的是（　　　）。

A. 8237 有一个四通道共用的 DMA 屏蔽寄存器和一个多通道屏蔽寄存器

B. 8237 的数据线是 16 位的

C. 每个通道的 DMA 请求方式可设置为硬件方式或软件方式

D. 每个通道在每次 DMA 传输后，其当前地址寄存器的值自动加 1 或减 1

56. 利用 PC 机收看电视时，必须借助电视卡对模拟视频信号进行下列处理：

Ⅰ. 逐行化，即把隔行扫描方式的图像转换为逐行扫描方式的图像

Ⅱ. 对模拟视频信号进行解码和数字化处理

Ⅲ. 缩放处理，即对图像进行放大或缩小

Ⅳ. 使用缓冲存储器临时保存视频数据，在适当时刻写入显卡的显存

正确处理步骤为（　　　）。

A. Ⅰ→Ⅱ→Ⅲ→Ⅳ　　　　　　　　B. Ⅰ→Ⅲ→Ⅱ→Ⅳ

C. Ⅱ→Ⅰ→Ⅲ→Ⅳ　　　　　　　　D. Ⅱ→Ⅳ→Ⅰ→Ⅲ

57. 80386 有 4 个总线周期定义信号分别为 W/R、D/C、M/IO 和 LOCK，其中前 3 个是主要的总线周期定义信号，在 I/O 写周期，各总线周期定义信号为（　　　）。

A. W/R=L 低电平，D/C=H 高电平，M/IO=H 高电平

B. W/R=L 低电平，D/C=H 高电平，M/IO=L 低电平

C. W/R=H 高电平，D/C=L 低电平，M/IO=H 高电平

D. W/R=L 低电平，D/C=L 低电平，M/IO=H 高电平

58. Windows XP 内置的某个多媒体软件组件提供了一套 API 函数，利用这些函数可以编写出许多高性能的实时多媒体应用程序（如游戏软件），而无须深入了解机器板卡的硬件特性。这个多媒体软件组件是（　　　）。

A. GDI　　　　　　B. OpenGL　　　　　　C. MCI　　　　　　D. DirectX

59. 主板是 PC 机的核心部件。下面关于目前流行的 PC 机主板的叙述中，错误的是（　　　）。

A. 主板上通常包含微处理器插座（或插槽）、芯片组等

B. 主板上通常包含微处理器插座（或插槽）、芯片组、ROM BIOS 等

C. 主板上通常包含微处理器插座（或插槽）、芯片组、ROM BIOS、存储器（内存条）插座等

D. 主板上通常包含微处理器插座（或插槽）、芯片组、ROM BIOS、存储器（内存条）插座、硬盘驱动器等

60. 实时操作系统必须首先考虑的是（　　　）。

A. 高效率　　　　　　　　　　　　B. 及时响应和高可靠性、安全性

C. 有很强的交互会话功能　　　　　D. 可移植性和使用方便

二、填空题

请将答案分别写在答题卡中序号为【1】至【20】的横线上，答在试卷上不得分。

1. 在 PC 中，为使微处理器与主存（用 DRAM 芯片构成的）之间的速度得以匹配，目前采用的主要方法是在二者之间加上二级高速缓存（L2 Cache）。这种二级高速缓存是用【1】芯片构成的。

2. 在 Internet 中，负责选择合适的路由，使发送的数据分组（Packet）能够正确无误地按照地址找到目的站并交付给目的站所使用的协议的是【2】。

3. 数字视频的数据量非常大，VCD 使用的运动视频图像压缩算法 MPEG-1 对视频信息进行压缩编码，每秒钟的数码率大约是【3】Mbps。

4. WindowsXP 按照 ACPI 标准进行电源管理，将系统的能耗状态设置为四种，分别为工作状态、等待状态、【4】状态和关机。

5. 在 Internet 中，为了容纳多种不同的物理网络，实现异种网互联所使用的协议是【5】。

6. CD 盘片和 DVD 盘片从外观上来看没有多大差别，但实际上 DVD 的存储容量比 CD 盘片大得多。12cm 的 CD 盘片的存储容量是 650MB，而同样尺寸的 DVD 盘（单面单层）的容量是【6】GB。

7. 在数据通信中，为了提高线路利用率，一般使用多路复用技术。最基本的多路复用技术有频分多路复用、时分多路复用和码分多路复用等，目前 ADSL 采用的是【7】多路复用技术。

8. PC 机中的显卡可以集成在主板中，也可以是单独的一块板卡（独立显卡）。目前一般 PC 机中的独立显卡都插在主板的【8】插槽上。

9. 采用 GB2312-80 汉字编码标准时，一个汉字在计算机中占【9】个字节。

10. Pentium4 微处理器的指令流水线有【10】级。

11. 假设（SP）＝0100H，（SS）＝2000H，执行 PUSH BX 指令后，栈顶的物理地址是【11】。

12. 根据保存数据机理的不同，RAM 可分为 DRAM 和 SRAM 两大类。PC 内存条上的 RAM 芯片属于【12】。

13. 完成一个汇编语言用户程序的编制和调试，首先用编辑程序编出用户的源程序，然后通过运行汇编程序获得用户的【13】程序（文件）和可执行（EXE）程序（文件），最后通常使用调试程序调试运行用户程序。

14. 下面两条指令执行后，（AH）=【14】，（AL）=0AH；

    MOV　　　AH，　10H
    MOV AL，10

15. 利用 Windows 操作系统提供的"注册表编辑程序"可以对注册表进行维护和管理。若要启动注册表编辑器，可在"运行"对话框中输入命令【15】。

16. 硬件抽象层是一个可加载的、内核模式的模块，它提供了针对 Windows 当前运行所在硬件平台的低层接口。硬件抽象层的英文缩写为【16】。

17. 在中断驱动 I/O 方式中，当外设要和 CPU 交换数据时，它就通过硬件电路给 CPU 一个信号，这个信号叫做【17】信号。

18. 有一种技术能将多个硬盘组织起来使其像单个盘一样使用，获得比单个盘更高的速度、更好的稳定性或更大的存储容量，这种技术是【18】。

19. 鼠标器、打印机和扫描仪等设备都有一个重要的性能指标，即分辨率，它用每英寸的像素数目来描述，通常用三个英文字母【19】来表示。

20. 将家庭 PC 机接入 Internet 的方式有多种，有一种高速接入方式利用现有的有线电视电缆作为传输介质，通过有线电视的某个传输频道对发送和接收的数字信号进行调制解调，因而需要专门的调制解调器，这种调制解调器的英文名称为【20】。

第9套

一、选择题

下列各题 A、B、C、D 四个选项中，只有一个选项是正确的，请将正确选项涂写在答题卡相应位置上，答在试卷上不得分。

1. 下面关于计算机定点数和浮点数的叙述中，正确的是（　　）。
   A. 浮点数的绝对值都小于 1
   B. 用浮点数表示的数都存在误差
   C. Pentium 微处理器中规格化浮点数的尾数最高位总是 1，并不在尾数中显式地表示出来
   D. 十进制整数只能用定点数表示

2. 作为计算机的核心部件，运算器对信息进行加工和运算，运算器的速度决定了计算机的计算速度，它一般包括（　　）。
   Ⅰ　算术逻辑运算单元　　　　　　　　　　　Ⅱ　一些控制门
   Ⅲ　专用寄存器　　　　　　　　　　　　　　Ⅳ　通用寄存器
   A. Ⅰ和Ⅱ　　　　　　B. Ⅲ和Ⅳ　　　　　　C. Ⅰ、Ⅲ和Ⅳ　　　　　　D. 全部

3. 下面关于软件的叙述中，错误的是（　　）。
   A. 操作系统是一种系统软件，可以直接在硬件上运行
   B. 微软的 Access 是一种系统软件，不需要操作系统的支持
   C. C++语言编译器是一种系统软件，需要操作系统的支持
   D. WPS Office 是我国自行开发的一种办公应用软件

4. 下列标志位中，不能用一条指令直接改变其状态的是（　　）。
   A. CF（进位标志）　　　　　　　　　　　　B. DF（方向标志）
   C. IF（中断标志）　　　　　　　　　　　　D. TF（陷阱标志）

5. 80286 在保护虚地址模式下，虚拟空间为（　　）。
   A. 1MB　　　　　　　B. 2MB　　　　　　　C. 4MB　　　　　　　D. 16MB

6. 局域网指的是较小地域范围内的计算机网络，一般是一栋或几栋建筑物内的计算机互连而成的网络。局域网类型有多种，目前使用最多的是（　　）。
   A. FDDI　　　　　　B. ATM　　　　　　　C. Ethernet　　　　　　D. ADSL

7. 在具有 PCI 总线的奔腾机中，二级 Cache 存储器经常通过 Cache 控制器挂在（　　）上。

A．ISA 总线（AT 总线）　　　　　　　　　B．CPU 局部总线

C．PCI 总线　　　　　　　　　　　　　　　D．EISA 总线

8．约定在字符编码的传送中采用偶校验，若接收到代码 1010010，则表明传送中（　　　　）。

A．未出现错误　　　　B．出现奇数位错　　　　C．出现偶数位错　　　　D．最高位出错

9．数字视频信息的数据量相当大，对 PC 机的存储、处理和传输都是极大的负担，为此必须
对数字视频信息进行压缩编码处理。目前 VCD 光盘上存储的数字视频采用的压缩编码标
准是（　　　　）。

A．MPEG-1　　　　　B．MPEG-2　　　　　C．MPEG-4　　　　　D．MPEG-7

10．微程序控制器比组合逻辑控制器慢，主要是由于增加了从（　　　　）读取微指令的时间。

A．主存存储器　　　　B．指令寄存器　　　　C．磁盘存储器　　　　D．控制存储器

11．常用的虚拟存储器寻址系统由（　　　　）两级存储器组成。

A．主存—外存　　　　B．Cache—主存　　　　C．Cache—外存　　　　D．Cache—Cachae

12．实模式下程序的最大地址空间是（　　　　）。

A．4KB　　　　　　　B．1MB　　　　　　　　C．2GB　　　　　　　　D．4GB

13．下列几种芯片是 PC 机的常用芯片，它们之中可接管总线控制数据传送的是（　　　　）。

A．定时器 / 计数器芯片　　　　　　　　　B．串行接口芯片

C．并行接口芯片　　　　　　　　　　　　D．DMA 控制器芯片

14．Pentium 微处理器的寄存器组是在 8086/8088 微处理器的基础上扩展起来的。下面是关于
Pentium 微处理器中寄存器组的叙述，其中正确的是（　　　　）。

A．所有的寄存器都从 16 位扩展为 32 位

B．EAX、EBX、ECX、EDX、ESP、EBP、ESI 和 EDI 既可作为 32 位也可作为 16 位或
8 位寄存器使用

C．选项 B 中的所有寄存器既可存放数据，也可作为基址或变址寄存器使用

D．段寄存器从 4 个增加到 6 个

15．假设 CS：1000H 处有一条指令 JNC Label，它的机器代码是 73FCH，Label 是标号，当前
CF=0。问执行该指令后，IP 的值是（　　　　）。

A．0FFEH　　　　　　B．10FEH　　　　　　C．10FCH　　　　　　D．1002H

16．以下叙述中，不正确的是（　　　　）。

A．Pentium Ⅱ 的电压识别 VID 总线扩展到了 5 位

B．现在 Pentium Ⅲ微处理器内部的 L2 Cache 有半速和全速两种时钟频率

C．Pentium 4 采用了超长流水线结构

D. Pentium 微处理器与 8086 微处理器相比，多了两个段寄存器

17. 以下论述正确的是（　　　）。
    A. CPU 的中断允许触发器对不可屏蔽中断没有作用
    B. 任何中断只有在开中断状态才可以实现中断响应
    C. 各中断源优先级一旦排列后，软件不可再改变排队顺序
    D. 在中断处理过程中，执行中断服务程序前"开中断"是可有可无的

18. 在下列有关 Windows XP 中进程与线程优先级的叙述中，正确的是（　　　）。
    A. 系统将线程的优先级分为 32 级，其范围为 0~31
    B. 对于前台任务来说，其进程的基本优先级总是高于后台任务的
    C. 线程的优先级有基本优先级和当前优先级之分，且当前优先级在 0~31 范围内变化
    D. 进程的优先级是固定的，用户不可以设置和更改进程的优先级

19. 下式结果以二进制表示时，含有（　　　）"1"。
    11×4096+6×512+5×64+3×8+3
    A. 10 个　　　　　　B. 11 个　　　　　　C. 12 个　　　　　　D. 13 个

20. 假设 AL 寄存器的内容是 ASCII 码表示的一个英文字母，若为大写字母，则将其转换为小写字母，否则不变。试问，下面（　　　）指令可以实现此功能。
    A. ADD AL,20H　　　　　　　　　　　B. OR AL,20H
    C. ADD AL,'a'-'A'　　　　　　　　　　D. XOR AL,20H

21. 通过 Internet 收发电子邮件时，若收信人邮件地址为 wangye@ndju.edu.cn，其中"ndju.edu.cn"表示（　　　）。
    A. 发信人主机的域名
    B. 收信人邮箱所在服务器的域名
    C. 发信人邮箱所在服务器的域名
    D. 收信人主机的域名

22. 如果用户的堆栈位于存储器区域 10000H~1FFFFH，那么该堆栈的段地址是（　　　）。
    A. 10000H　　　　B. 1FFFFH　　　　C. 1000H　　　　D. 1FFFH

23. 执行下述指令后，（DL）=（　　　）。
    A DB '8'
    MOV DL，A
    AND DL，0FH
    OR DL，30H
    A. 8H　　　　　　B. 0FH　　　　　　C. 38　　　　　　D. 38H

24. VCD 使用 MPEG-1 对视频及其伴音信息进行压缩编码，使得容量为 680MB 的 CD 光盘片可以存放大约 1 小时的节目，由此可推算出视频及其伴音信息压缩后的码率约为（   ）。

    A．1.5Mbps   B．64Kbps   C．10Mbpx   D．150Kbps

25. 为了支持不同的辅助存储以及与早期的系统相兼容，Windows 98 支持多种文件系统。在下列的文件系统中，Windows 98 不支持的是（   ）。

    A．FAT16   B．FAT32   C．NTFS   D．CDFS

26. 下面关于闪存盘（也称为优盘）的叙述中，错误的是（   ）。

    A．支持即插即用   B．使用的存储器件是 Flash ROM

    C．采用 USB 接口与 PC 机相连   D．其存取速度与内存相当，比硬盘快

27. 以太网是一种广泛使用的局域网。下面关于以太网的叙述中，错误的是（   ）。

    A．它覆盖的地理范围较小

    B．它使用专用的传输线路，数据传输速率高

    C．它的通信延迟时间较短，可靠性较高

    D．它按点到点的方式进行数据通信

28. 80x86 微处理器中，IP/EIP 寄存器用于存放（   ）。

    A．指令   B．指令地址

    C．Intel 微处理器的产品标识符   D．中断服务程序的入口地址

29. 下面是有关微处理器指令流水线的叙述，其中错误的是（   ）。

    A．指令流水线中的功能部件（如取指部件、译码部件等）同时执行各处的任务

    B．指令流水线在理想情况下，每个时钟都有一条指令执行完毕

    C．Pentium 处理器的所谓"超级流水线"就是指级数很多、每级功能又比较简单的流水线

    D．Pentium4 微处理器中含有 3 条功能相同的整数运算流水线

30. 在下列操作系统的各个功能组成部分中，（   ）不需要有硬件的支持。

    A．进程调度   B．时钟管理   C．地址映射   D．中断系统

31. 假设 Pentium4 微处理器在保护模式下访问存储器时，段基址＝00100000H，偏移地址＝00000200H，则线性地址是（   ）。

    A．01000200H   B．00100200H   C．01002000H   D．00102000H

32. PC 机中的数字声音有多种不同的类型，下列（   ）不是声音文件。

    A．MP3 文件   B．PDF 文件   C．CDA 文件   D．RA 文件

33. Pentium 微处理器执行突发式读写周期时，需要插入等待时钟周期的数量为（   ）。

A. 1个　　　　　　　B. 2个　　　　　　　C. 3个　　　　　　　D. 0个

34. 在 MS-DOS 中，磁盘存储器进行读写操作的基本单位是（　　）。
　　A. 字节　　　　　　B. 扇区　　　　　　C. 磁道　　　　　　D. 簇

35. 下面是 8086 / 8088 微处理器中有关寄存器的叙述：
　　①通用寄存器 AX、BX、CX、DX 既可以存放 8 位或 16 位数据，也可以作为偏移地址
　　　寄存器访问存储器单元
　　②指针和变址寄存器 SP、BP、SI 和 DI 只能存放偏移地址
　　③段寄存器只能存放段地址
　　④IP 寄存器只能存放指令的偏移地址
　　其中（　　）叙述是正确的。
　　A. ①和②　　　　　B. ②和③　　　　　C. ③和④　　　　　D. ④和①

36. 下面是有关 DRAM 和 SRAM 存储器芯片的叙述，其中（　　）叙述是错误的。
　　①SRAM 比 DRAM 存储电路简单　　　　　②SRAM 比 DRAM 成本高
　　③SRAM 比 DRAM 速度快　　　　　　　　④SRAM 需要刷新，DRAM 不需要刷新
　　A. ①和②　　　　　B. ②和③　　　　　C. ③和④　　　　　D. ①和④

37. 已知（AL）＝0EH，执行 TEST AL，7FH 后，（AL）＝（　　）。
　　A. 0　　　　　　　B. 0EH　　　　　　C. 7EH　　　　　　D. 0FEH

38. 完整的计算机系统应该包括（　　）。
　　A. 运算器、存储器和控制器　　　　　　B. 外部设备和主机
　　C. 主机和实用程序　　　　　　　　　　D. 配套的硬件系统和软件系统

39. 下面与 PC 主板上 CMOS　RAM 有关的叙述中，正确的是（　　）。
　　A. 正常情况下，存储在 CMOS　RAM 中的信息关机后会丢失
　　B. PC 基本输入输出系统包含的 CMOS　SETUP 程序存放在 CMOS　RAM 中
　　C. PC 更新换代的速度很快，但 CMOS　RAM 仍维持早期 64 字节的标准格式
　　D. CMOS　RAM 中保存了系统配置等相关信息

40. 为了充分使用 Pentium 4 微处理器 36 位的地址空间，最大页面应为 4MB，因而程序初始
　　化时除了将 PSE（页大小扩展）置 1 外，还应该将 PGE（页扩展）和 PAE（页地址扩展）
　　两个标志位的状态设置为（　　）。
　　A. 0 和 0　　　　　B. 0 和 1　　　　　C. 1 和 0　　　　　D. 1 和 1

41. 存储器物理地址的形成规则是（　　）。
　　A. 段地址＋偏移量　　　　　　　　　　B. 段地址×10＋偏移量
　　C. 段地址×16H＋偏移量　　　　　　　 D. 段地址左移 4 位＋偏移量

42. 以下指令序列的功能是（　　　）。

    DATA SEGMENT
        SS　DB ？
    DATA ENDS

    A. 定义 SS 为一个字类型变量
    B. 定义 SS 为一个字类型常量
    C. 定义 SS 为一个字节类型变量，没有值
    D. 定义 SS 为一个字节型变量，其值为"？"

43. 如果用户打算将 PC 机作为 NetWare 网络用户，必须安装（　　　）协议。

    A. TCP/IP   B. NetBEUI   C. IPX/SPX   D. DHCP

44. 在下列图像数据文件格式中，数码相机拍摄的数字图像一般以（　　　）文件格式存储。

    A. BMP   B. GIF   C. JPG   D. PCX

45. MIDI 是一种计算机合成的音乐表示形式，与取样得到的波形声音（WAV）相比有其自己的特点。对同一首乐曲，下面的叙述中错误的是（　　　）。

    A. 使用 MIDI 表示比使用 WAV 表示，其数据量要少得多
    B. 使用 MIDI 表示比使用 WAV 表示，所生成的音乐质量要好得多
    C. MIDI 表示也可以转换为 WAV 表示
    D. 使用不同的声卡播放出来的声音音质不会完全一样

46. 在 8237A 用于存储器到存储器的数据传送时，使用（　　　）。

    A. 通道 0 的现行地址寄存器指示源地址，现行字计数寄存器对传送的字节数计数，通道 1 指示目的地址
    B. 通道 1 的现行地址寄存器指示目的地址，现行字节计数寄存器对传送的字节数计数，通道 0 用于指示源地址
    C. 通道 2 用于指示源地址，通道 3 的现行地址寄存器指示目的地址，现行字节计数寄存器对传送的字节数计数
    D. 通道 2 的现行地址寄存器指示源地址，现行字节计数寄存器对传送的字书数计数，通道 3 用于指示目的地址

47. 输入设备用于向计算机输入信息。下列设备中，（　　　）不是输入设备。

    A. 键盘   B. 手写笔
    C. 视频投影仪   D. 触摸屏

48. 在下面关于微处理器的叙述中，不正确的是（　　　）。

    A. 微处理器是用超大规模集成电路制成的具有运算和控制功能的芯片
    B. 一台计算机的 CPU 含有 1 个或多个微处理器
    C. 寄存器由具有特殊用途的部分内存单元组成，是内存的一部分

D. 不同型号的 CPU 可能具有不同的机器指令

49. 下面关于计算机总线的叙述中，错误的是（　　　）。
    A. PC 中支持 DDR2 内存条的存储器总线，每个总线时钟周期完成一次数据传送
    B. 总线的寻址能力与总线中地址总线的位数有关
    C. 总线的数据传输能力与总线中数据总线的位数有关
    D. 总线能否支持中断和 DMA 是由其控制总线决定的

50. 下面有关液晶显示器的叙述中，错误的是（　　　）。
    A. 液晶显示器不使用电子枪轰击方式来成像，因此它对人体没有辐射危害
    B. 液晶显示器的分辨率是固定的，不可设置
    C. 液晶显示器的工作电压低、功耗小，比 CRT 显示器省电
    D. 液晶显示器不闪烁，颜色失真较小

51. 下面关于主板 ROM BIOS 的叙述中，错误的是（　　　）。
    A. 主板 ROM BIOS 包括 DOS 系统功能调用程序
    B. 主板 ROM BIOS 包括 CMOS SETUP（或 BIOS SETUP）程序
    C. 主板 ROM BIOS 包括基本的 I/O 设备驱动程序和底层中断服务程序
    D. 主板 ROM BIOS 包括 POST（加电自检）与系统自举装入程序

52. 下面关于 USB2.0 的叙述中，错误的是（　　　）。
    A. 具有热插拔功能
    B. 具有向外围设备供电的能力
    C. 数据传输速率与 RS-232 标准相当
    D. 支持多个设备的连接

53. 显示器分辩率指的是整屏可显示像素的多少，这与屏幕的尺寸和点距密切相关。例如 15 英寸的显示器，水平和垂直显示的实际尺寸大约为 280 mm×210 mm，当点距是 0.28mm 时，其分辨率约为（　　　）。
    A. 800×600　　　　B. 1024×768　　　　C. 1600×1200　　　　D. 1280×1024

54. 在 PC 中，CPU 具有指令流水功能的优点是（　　　）。
    A. 存储器存取速度加快
    B. I/O 处理速度加快
    C. DMA 传送速度加快
    D. CPU 运行速度加快

55. 主机与 I/O 设备一般利于（　　　）下工作，因此要由接口协调它们工作。
    A. 同步方式　　　　B. 异步方式　　　　C. 联合方式　　　　D. 查询方式

56. CPU 通过接口电路向液晶显示器输出数据时，在接口电路中（　　　）。
    A. 数据可以直接输出到显示器
    B. 数据只需经过三态门输出到显示器
    C. 数据经反相器后输出到显示器
    D. 数据经锁存后输出到显示器

57. 下面是关于 8259A 可编程中断控制器的叙述，其中错误的是（　　　）。

A．8259A 具有将中断源按优先级排队的功能

B．8259A 具有辨认中断源的功能

C．8259A 具有向 CPU 提供中断类型码的功能

D．目前 PC 主板上已不再使用 ISA 总线，因此原来由 8259A 提供的所有中断控制功能已不复存在

58．下面是关于两片 8237 级联构成主从式 DMA 控制器的叙述，其中正确的是（　　）。

A．从片的 HRQ 端和主片的 HRQ 端相连，从片的 HLDA 端和主片的 HLDA 端相连

B．从片的 DACK 端和主片的 DACK 端相连，从片的 DREQ 端和主片的 DREQ 端相连

C．从片的 HRQ 端和主片的 DACK 端相连，从片的 HLDA 端和主片的 DREQ 端相连

D．从片的 HRQ 端和主片的 DREQ 端相连，从片的 HLDA 端和主片的 DACK 端相连

59．内存管理的基本任务是多任务共享内存和内存扩容。在下列有关内存管理的基本方式的叙述中，（　　）是错误的。

A．分区式内存管理实现起来比较简单，但难以实现内存的共享

B．在采用分区式内存管理方式管理内存时，常采用覆盖与交换技术来扩充内存

C．在 Windows 98 的保护模式下，系统采用的是段反式存储管理方式

D．虚拟存储是覆盖技术的延伸和发展

60．在下列有关 Windows 操作系统的叙述中，正确的是（　　）。

A．Windows95 是 Windows 系列操作系统的第一个版本

B．Windows95 和 Windows98 不支持"即插即用"功能

C．Windows XP Professional 内置 Internet 防火墙软件

D．Vista 是微软公司最新推出的操作系统，但它与 Windows XP 不兼容

二、填空题

请将答案分别写在答题卡中序号为【1】至【20】的横线上，答在试卷上不得分。

1．Pentium4 微处理器中浮点部件中有【1】个 80 位数据寄存器。

2．汇编语言程序中的语句可分为两类，即【2】。

3．假定（AL）=26H，（BL）=55H，依次执行 ADD　AL，BL 和 DAA 指令后，（AL）=【3】。

4．以下程序实现的功能是【4】，结果存放在 AX 中。

```
START:      IN AL,20H
            MOV BL,AL
            IN AL,30H
            MOV CL,AL
```

```
                    MOV AX,0
        NEXT:       ADD AL,BL
                    ADC AH,0
                    DEC CL
                    JNZ NEXT
                    HLT
```

5. Pentium 微处理器对存储器页面进行管理时，在页表项描述符中设置了一个标志位，用于标识该页是否被修改过。当页面准备写回磁盘时，若该标志位的状态为**【5】**，则无需向磁盘重写，只要简单地放弃该页面即可

6. 高速缓冲存储器 Cache 既可存在于**【6】**内部，也可配置在系统主机板上。

7. 图像文件有多种不同的格式。目前在网页上广泛使用且 Windows 98/XP 支持的两种图像文件的格式分别为**【7】**。

8. PC 机中在 CPU 与外设的数据传送的三种方式中，DMA 方式与中断方式相比，主要优点是 **【8】**。

9. 下面的 8086/8088 汇编语言程序中，主程序通过堆栈将有关信息传送给子程序 STRLEN。在主程序的**【9】**处填空，使程序能正常运行。

```
DSEG        SEGMENT
ARRAY       DB          'Computer$'
NUM         DW          0
DSEG        ENDS
SSEG        SEGMENT     STACK
            DB          256 DUP(0)
SSEG        ENDS
CSEG1       SEGMENT
            ASSUME      DS:DSEG,SS:SSEG,CS:CSEG1
START:      MOV         AX,DSEG
            MOV         DS,AX
            MOV         AX,OFFSET ARRAY
            PUSH        AX
            CALL        【9】
            MOV         NUM,AX
            MOV         AH,4CH
            INT         21H
CSEG1    ENDS
```

— 92 —

```
CSEG2      SEGMENT
           ASSUME     DS:DSEG,SS:SSEG,CS:CSEG2
STRLEN     PROC       FAR
           PUSH       BP
           MOV        BP,SP
           PUSH       SI
           MOV        SI,[BP+6]
NEXT:      CMP        BYTE PTR[SI],'$'
           JZ         DONE              ;串尾吗？
           INC        SI
           JMP        NEXT
DONE:      MOV        AX,SI
           SUB        AX, [BP+6]
           POP        SI
           POP        BP
           RET        2
STRLEN     ENDP
CSEG2      ENDS
           END        START
```

10. 第 9 题程序中，若代码 CSEG1 占用的内存空间是 13AD0H~13AE4H，则代码段 CSEG2 在内存中的起始地址是【10】H。

11. 第 9 题的程序执行结束后，NUM 中的数据是【11】H。

12. 8086/8088CPU 内部共有【12】个 16 位寄存器。

13. ADSL 是一种非对称传输模式的 Internet 接入技术，它利用【13】线进行数据传输，其数据上传速度比下传速度慢。

14. 近过程（NEAR）属性的 RET 指令被汇编为【14】。

15. 8259A 多片级联时需使用 ICW3，写入主、从 8259A 的 ICW3 的格式不同。例如，如果仅有一片从 8259A 的 INT 连接到主 8259A 的 IRQ2 端，则主 8259A 的 ICW3＝00000100B，从 8159A 的 ICW3＝【15】B。

16. 在标准子程序中，它所使用的工作寄存器一般要存放于【16】保存，在返回调用程序之前，再恢复它们的内容。

17. 若要测试 AL 中操作数的第 0, 3, 4, 7 位是否均为 0, 然后根据结果实现条件转移, 可使用 TEST AL,99H 指令, 以产生转移条件。这条指令执行后将影响的标志位是【17】。

18. 每一块以太网卡都有一个 12 位十六进制数表示的全球唯一的地址, 它称为网卡的【18】地址或网卡的物理地址。

19. CPU 中的总线接口部件 BIU, 根据执行部件 EU 的要求, 完成【19】与存储器或 I/O 设备间的数据传送。

20. 将家庭 PC 机接入 Internet 的方式有多种, 通过有线电视网也可接入 Internet。此时 PC 机需要使用的接入设备是【20】Modem。

第 10 套

一、选择题

下列各题 A、B、C、D 四个选项中，只有一个选项是正确的，请将正确选项涂写在答题卡相应位置上，答在试卷上不得分。

1. 下面关于 8250 的叙述中，正确的是（　　）。
   A．8250 中接收移位寄存器的主要任务是：将并行数据转换成串行数据
   B．8250 中发送移位寄存器的主要任务是：将串行数据转换成并行数据
   C．8250 是一个通用异步接收器/发送器
   D．写入 8250 除数寄存器的除数的计算公式为：除数=1 843 200÷波特率

2. 下列关于计算机的叙述中，错误的是（　　）。
   A．目前计算机的运算和逻辑部件采用的是超大规模集成电路
   B．计算机的运算速度不断提高，其成本也越来越高
   C．计算机虽然经过 50 多年的发展，但仍然采用"存储程序控制"工作原理
   D．计算机的信息处理趋向多媒体化，应用方式趋向网络化

3. 视频卡的主要功能有（　　）。
   Ⅰ　从视频源中选择输入　　　　　　　　Ⅱ　处理电视伴音
   Ⅲ　可压缩与解压缩视频信息　　　　　　Ⅳ　对画面区域进行填色
   A．Ⅰ、Ⅱ、Ⅲ　　　　　　　　　　　　B．Ⅰ、Ⅲ、Ⅳ
   C．Ⅱ、Ⅲ、Ⅳ　　　　　　　　　　　　D．Ⅰ、Ⅱ、Ⅲ、Ⅳ

4. 假定 DS＝4000H，DI＝0100H，（40100H）＝55H，（4010H）＝0AAH，执行指令 LEA BX，[DI] 后，BX＝（　　）。
   A．0100H　　　　　B．55AAH　　　　　C．0AA55H　　　　　D．4100H

5. 通常采用 MB（兆字节）作为 PC 机主存容量的计量单位，这里 1MB 等于（　　）字节。
   A．210　　　　　　B．220　　　　　　C．230　　　　　　D．240

6. 在 8086/8088 微处理器中，下列（　　）指令是合法的。
   A．ADD AX, 3　　　　　　　　　　　　B．MOV AL, 300
   C．MUL AL, BL　　　　　　　　　　　　D．SHL AL, 3

7. 非屏蔽中断的中断类型号是（　　）。

A. 1   B. 2   C. 3   D. 4

8. Pentium 微处理器采用了超标量体系结构。Pentium 4 微处理器的指令流水线有（　　）条。

   A. 1   B. 3   C. 5   D. 6

9. 文件控制块的内容包括（　　）。

   A. 文件名、长度、逻辑结构、物理结构、存取控制信息、其他信息

   B. 文件名、长度、存取控制信息、其他信息

   C. 文件名、长度、逻辑结构、物理结构、存取控制信息

   D. 文件名、长度、逻辑结构、物理结构、其他信息

10. 设（DS）=27FCH，某一数据存储单元的偏移地址为 8640H，则数据存储单元的物理地址正确的是（　　）。

   A. 27FCH   B. 27FC0H   C. 30600H   D. 8640H

11. 分析运算符 LENGTH 只有用（　　）定义的变量才有意义。

   A. 表达式   B. 字符串   C. DUP   D. 问号

12. 互联网是一个庞大的计算机网络，每一台入网的计算机一般都分配有一个 IP 地址。下面关于 IP 地址的叙述中，错误的是（　　）。

   A. IP 地址使用 6 个字节（48 个二进位）表示

   B. 每一台连网计算机的 IP 地址是唯一的，它不会与其他连网的计算机重复

   C. 域名是 IP 地址的符号表示

   D. IP 地址由类型号、网络号、主机号 3 个部分组成

13. 算术移位指令 SAL 用于（　　）。

   A. 带符号数乘 2   B. 带符号数除 2

   C. 无符号数乘 2   D. 无符号数除 2

14. 能完成字节数据搜索的串指令是（　　）。

   A. MOVSB   B. CMPSB   C. SCASB   D. LODSB

15. 下面是有关 PC 机性能的叙述，其中错误的是（　　）。

   A. 系统总线的传输速率对计算机的输入、输出速度没有直接的影响

   B. 高速缓存（Cache）的功能是用来减少 CPU 等待的时间，提高系统速度

   C. 主存的存取周期是指从存储器中连续存取两个字所需要的最小时间间隔

   D. 系统的可靠性常用平均无故障时间（MTBF）和平均故障修复时间（MTTR）表示

16. Pentium 微处理器在实地址模式下，借助于 HIMEM.SYS 程序可以获得额外的高端内存空间，其物理地址范围是（　　）。

A. 100000H～1FFFFFH   B. 100000H～10FFFFH
C. 100000H～10FFEFH   D. 100000H～1FFFEFH

17. 中央处理器（CPU）可以直接访问的计算机部件是（   ）。
    A. 主存储器   B. 硬盘   C. 运算器   D. 控制器

18. 下列指令中（   ）指令是不合法的。
    ① MOV [SI]，1000H   ② ADD AX，[DX]
    ③ MUL [BX]   ④ MOV DS，2000H
    A. 1条   B. 2条   C. 3条   D. 4条

19. 假设数据段定义如下：
    DSEG SEGMENT
    DAT DW 1, 2, 3, 4, 5, 6, 7, 8, 9, 10
    CNT EQU ($-DAT)/2
    DSEG ENDS
    执行指令 MOV CX, CNT 后，寄存器 CX 的内容是（   ）。
    A. 10   B. 5   C. 9   D. 4

20. 下列指令中（   ）指令是不合法的。
    ① MOV SI，OFFSET [DI]   ② LEA SI，OFFSET [DI]
    ③ JMP SHORT PTR [BX]   ④ CALL WORD PTR [BX]
    A. 1条   B. 2条   C. 3条   D. 4条

21. PC 中，设（SP）＝0202H，（SS）＝2000H，执行 PUSH SP 指令后，栈顶的物理地址为
    （   ）。
    A. 0200H   B. 20102H   C. 20200H   D. 0102H

22. 在汇编语言程序设计中，若调用不在本模块中的过程，则对该过程必须用伪操作命令
    （   ）进行说明。
    A. PUBLIC   B. COMMON   C. EXTERN   D. ASSUME

23. 下面关于数字图像的叙述中，错误的是（   ）。
    A. 图像的大小与图像的分辨率成正比
    B. 彩色图像需要用多个位平面来表示
    C. 图像的颜色必须采用 RGB 三基色模型进行描述
    D. 图像像素的二进位数目决定了图像中可能出现的不同颜色的最大数目

24. 下面关于 PC 机主板 BIOS 的叙述中，错误的是（   ）。
    A. BIOS 包含 POST（加电自检）和系统自举装入程序

B．BIOS 包含 CMOS SETUP 程序

C．BIOS 包含基本的 I/O 设备驱动程序和底层中断服务程序

D．BIOS 保存在主板的 CMOS RAM 中

25．下面指令中，源操作数的寻址方式为直接寻址的指令是（　　　）。

 A．ADD AX，WORD PTR［BX＋SI］ B．ADD AX，B

 C．INC　CX   D．MOV BX，7FFFH

26．数码相机的性能好坏一般可用以下（　　　）标准评价。

 A．像素数目、分辨率、与计算机的接口 B．色彩位数、像素数目、分辨率

 C．像素数目、分辨率、存储容量   D．色彩位数、分辨率、与计算机的接口

27．中断向量地址是（　　　）。

 A．子程序入口地址   B．中断服务程序入口地址

 C．中断服务程序入口地址的地址   D．子程序入口地址的地址

28．80286 的地址部件中设置有（　　　）个地址加法器。

 A．1   B．2   C．3   D．4

29．显示存储器的容量是显示卡的重要性能指标之一，它直接影响着可以支持的显示器分辨率和颜色数目。例如一台彩显的分辨率是 1280×1024，像素深度为 24 位，则显示存储器容量至少应有（　　　）。

 A．1MB   B．2MB   C．4MB   D．6MB

30．下面是关于 Pentium4 微处理器中段寄存器的叙述，其中错误的是（　　　）。

 A．Pentium4 微处理器与 8086/8088 微处理器一样，段寄存器都是 16 位

 B．实模式和虚拟 8086 模式下，段寄存器存放的是段地址

 C．保护模式下，段寄存器存放的是段选择子

 D．执行算术运算和逻辑运算时，段寄存器也可以存放操作数

31．8086 在存储器读写时遇到 READY 有效后可插入（　　　）。

 A．1 个等待周期   B．2 个等待周期

 C．3 个等待周期   D．插入等待周期的个数可不受限制

32．下面关于 8250 的叙述中，错误的是（　　　）。

 A．8250 是一个通用异步接收器/发送器

 B．8250 内部的发送移位寄存器的主要任务是将并行数据转换成串行数据发送

 C．8250 内部的接收移位寄存器的主要任务是将串行数据转换成并行数据接收

 D．8250 内部的发送器时钟和接收器时钟的频率等于数据传输波特率

33. 在 Windows XP 中，时限只能选择两种设置之一：短时限（2 个时钟间隔）或长时限（12 个时钟间隔）。时钟间隔的长度随着硬件平台的不同而有所不同，主要取决于 HAL。大多数 x86 单处理器系统的时钟间隔是（　　　）。

A. 1s B. 100ms C. 10ms D. 1ms

34. 假设主频为 66MHz 的 Pentium 微处理器以非流水线方式访问存取时间为 60ns 的 DRAM 存储器，则在 T1 周期与 T2 周期之间至少应插入（　　）等待状态。

A. 1 个 B. 2 个 C. 4 个 D. 6 个

35. 下图所示图符的叙述中，正确的是（　　　）。

A. 该图符用于指示 USB 接口 B. 该图符用于指示以太网接口
C. 该图符用于指示 IEEE-1394 接口 D. 该图符用于指示 Modem 接口

36. PC 机中，I/O 端口常用的地址范围是（　　　）。

A. 0000H～0FFFFH B. 0000H～3FFFH
C. 0000H～7FFFH D. 0000H～03FFH

37. 已知：

DAT1　　　　LABEL　　　　BYTE
DAT2　　　　DW　　　　　　0ABCDH

依次执行 SHL DAT1,1 和 SHR DAT2,1 指令后，DAT2 字存储单元中的内容是（　　　）。

A. AF34H B. 55CDH C. 55E6H D. ABCDH

38. Pentium 4 微处理器在保护模式下中断描述符表的长度为 2KB，它在内存中（　　　）。

A. 位于 00000000H~000007FFH
B. 位于 FFFFF800H~FFFFFFFFH
C. 由中断描述符表寄存器 IDTR 确定中断描述符表的基地址
D. 由中断门描述符提供中断描述符表的基地址

39. 显示存储器 VRAM 的容量与显示器的分辨率及每个像素的位数有关。假定 VRAM 的容量为 4MB，每个像素的位数为 24 位，则显示器的分辨率理论上最高能达到（　　　）。

A. 800×600 B. 1024×768 C. 1280×1024 D. 1600×1200

40. 下述定义变量正确的是（　　　）。

A. X DW 'ASDF' B. X DB 'A', 'S', 'D', 'F'

C. X DD 'ASDF'   D. X DQ 'ASDF'

41. 下面是数据段，执行 MOV BX，B 指令后，BX 寄存器中的内容是（   ）。
    DSEG SEGMENT
    A DB '1234'
    B DW A
    DSEG ENDS
    A. 3231H   B. 1234H   C. 3132H   D. 0000H

42. 8086/8088 的可用于间接寻址的寄存器有（   ）个。
    A. 2   B. 4   C. 6   D. 8

43. 下列指令中，不合法的指令是（   ）。
    A. IN AL，20H   B. OUT 20H，AL
    C. MOV 20H，AL   D. ADD AL，20H

44. 下面关于 ADSL 特点的叙述中，错误的是（   ）。
    A. ADSL 是一种对称的传输模式，它的数据上传速度与下载速度相同
    B. ADSL 采用普通铜质电话线作为传输介质
    C. ADSL 所传输的数据信号不经过电话交换机设备
    D. 上网和打电话可同时进行

45. 按照 Pentium 微处理器的分页机制，每个页目录项对应的内存空间是（   ）。
    A. 1MB   B. 2MB   C. 4MB   D. 16MB

46. 下列指令中不会改变 PC 寄存器内容的是（   ）。
    A. MOV   B. JMP   C. CALL   D. RET

47. 下面是关于 Pentium 微处理器功耗的叙述，其中错误的是（   ）。
    A. 随着微处理器主频和芯片集成度的不断提高，其功耗也会相应增加
    B. 降低微处理器工作电压是减少芯片功耗的重要途径，目前 Pentium 4 微处理器的工作
       电压已经降至 2V 以下
    C. 采用新的 CMOS 制造工艺，并且用铜线代替铝线，可以使功耗进一步降低
    D. 对微处理器的主频进行分频，使微处理器前端总线（系统总线）频率降低，也能达
       到降低微处理器功耗的目的

48. 执行下列指令后：
    MOV   AX，   1234H
    MOV   CL，   4
    ROL   AX， CL

— 100 —

```
DEC    AX
MOV    CX,    4
MUL    CX
HLT
```
寄存器 AH 的值是（   ）。

A. 92H   B. 8CH   C. 8DH   D. 00H

49. 计算机经历了从器件角度划分的四代发展历程，但从系统结构来看，至今绝大多数计算机仍是（   ）式计算机。

A. 实时处理   B. 智能化   C. 并行   D. 冯·诺依曼

50. 数据通信速度最快、安全性最好、出错率最低的硬介质是（   ）。

A. 光缆   B. 无线电或微波   C. 同轴电缆   D. 双绞线

51. 下列有关 Windows 操作系统文件管理的叙述中，正确的是（   ）。

A. 所有版本的 Windows 操作系统均支持长文件名（可达 200 多个字符）

B. Windows 98 与 Windows XP 所支持的文件系统完全相同

C. 在对磁盘格式化后，磁盘上会生成两个相同的文件分配表（FAT）

D. 在 Windows 98 环境下，无论硬盘采用什么文件系统，硬盘根目录总是仅有 500 多个目录项

52. 某 RAM 芯片，其容量是 512×8bit，除电源和接地线外该芯片引脚的最少数目是（   ）。

A. 21   B. 19   C. 17   D. 不可估计

53. 下面是关于 DRAM 和 SRAM 存储器芯片的叙述：

Ⅰ. SRAM 比 DRAM 集成度高

Ⅱ. SRAM 比 DRAM 成本高

Ⅲ. SRAM 比 DRAM 速度快

Ⅳ. SRAM 需要刷新，DRAM 不需要刷新

其中正确的叙述是（   ）。

A. Ⅰ和Ⅱ   B. Ⅱ和Ⅲ   C. Ⅲ和Ⅳ   D. Ⅰ和Ⅳ

54. 数码相机在成像过程中需要进行下列处理：

Ⅰ. 将光信号转换为电信号

Ⅱ. 将影像聚焦在成像芯片（CCD 或 CMOS）上

Ⅲ. 进行模/数转换，变成数字图像

Ⅳ. 将数字图像存储在存储器中

其处理顺序是（   ）。

A. Ⅰ→Ⅱ→Ⅲ→Ⅳ   B. Ⅱ→Ⅰ→Ⅲ→Ⅳ

C. Ⅰ→Ⅲ→Ⅱ→Ⅳ   D. Ⅱ→Ⅰ→Ⅳ→Ⅲ

55. 已知（AX）＝1000H，（BX）＝2000H，依次执行 PUSH AX，PUSH BX、POP AX 指令后，AX 寄存器中的内容是（　　）。

A. 1000H   B. 0010H   C. 2000H   D. 0020H

56. 执行以下程序段后，（AX）＝（　　）。

    MOV AX, 0
    MOV BX, 1
    MOV CX, 100
   A: ADD AX, BX
    INC BX
    LOOP A
    HLT

A. 5000   B. 5050   C. 5100   D. 5150

57. 执行下列程序段后，AL＝（　　）。

  MOV   AL, 64
  MOV   CL, 2
  SHR   AL, CL
  MOV   CL, AL
  SHR   AL, 2
  ADD   AL, CL

A. 16   B. 20   C. 32   D. 64

58. PC 机中 CPU 执行 MOV 指令从存储器读取数据时，数据搜索的顺序是（　　）。

A. 从 L1 Cache 开始，然后依次为 L2 Cache、DRAM 和外设

B. 从 L2 Cache 开始，然后依次为 L1 Cache、DRAM 和外设

C. 从外设开始，然后依次为 DRAM、L2Cache 和 L1 Cache

D. 从外设开始，然后依次为 DRAM、L1 Cache 和 L2Cache

59. JMP WORD PTR ABCD（ABCD 是符号地址）是（　　）。

A. 段内间接转移   B. 段间间接转移

C. 段内直接转移   D. 段间直接转移

60. 连续磁盘空间分配策略的优点是（　　）。

A. 产生的磁盘碎片少   B. 存取速度快

C. 文件长，不受限制   D. 支持对文件块的直接访问

二、填空题

请将答案分别写在答题卡中序号为【1】至【20】的横线上，答在试卷上不得分。

1. 目前在网络环境下开发的计算机应用系统的体系结构，大多采用客户机/【1】模式。

2. 已知某可编程接口芯片中计数器的口地址为 40H，计数频率为 MHz，该芯片的控制字为 8 位二进制数。控制字寄存数的口地址为 43H，计数器达到 0 值的输出信号用作中断请求信号，执行下列程序后，发出中断请求信号的周期是【2】ms。

```
        MOV     AL，00110110B   ；计数器按二进制计数，16 位读 /写，
                               ；可自动装载计数器初值
        OUT     43H，AL
        MOV     AL，0FFH
        OUT   40H，AL
        OUT     40H，AL
```

3. 假设（EAX）＝12345678H，（EBX）＝4，执行 MUL EBX 指令后，（EAX）＝【3】H。

4. 若定义变量 DAT DB 'ABCD'，则执行 MOV AX，WORD PTR DAT 指令后，AX 寄存器的内容是【4】。

5. 在 T2、T3、TW、T4 状态时，S6 为【5】，表示 8088 / 8086 当前连在总线上。

6. 在实际使用中，病毒防火墙软件需要经常升级，以防新出现的病毒。病毒防火墙软件的升级，主要是杀毒（查毒）引擎的升级和【6】的升级。

7. 若图像分辨率为 256×192，则它在 1024×768 显示模式的屏幕上以 50%的比例显示时，只占屏幕大小的【7】分之一。

8. 在 x86 系统中，Windows XP 利用二级页表结构来实现虚拟地址到物理地址的变换。一个 32 位的虚拟地址可被分为 3 个独立的部分：页目录索引、页表索引和【8】索引。

9. 为了便于系统的管理和维护，Windows XP 提供了多种系统工具。例如，要删除回收站中的文件、Internet 临时文件和 Windows 临时文件等，可以运行【9】系统工具。

10. 随着显示器分辨率的提高，刷新速度的加快，以及提高 PC 机的 3D 图形处理性能，目前显示卡大多采用一种新接口规范，用于把储存和显存直接连接起来，这种接口规范称为【10】。

11. 下面的程序用来删除字符串'AABA'中第 1 个出现的由 DAT 单元指定的字符，删除字符

后，后面字符前移，并在字符串尾部添加字符'$'（24H）。请在横线处填充，使程序能达到预定的功能。

```
        DSEG    SEGMENT
        BUF     DB          'AABA'
        CNT     DW          $-BUF
DAT     DB          41H
DSEG    ENDS
SSEG    SEGMENT     STACK
        DB          256DUP（0）
SSEG    ENDS
CSEG    SEGMENT
        ASSUME      DS:DSEG,SS:SSEG,CS:CSEG,ES:DSEG
START   PROC        FAR
        PUSH        DS
        XOR         AX,AX
        PUSH        AX
        MOV         AX,DSEG
        MOV         DS,AX
        MOV         ES,AX
        CLD
        LEA         DI,BUF
        MOV         CX,CNT
        MOV         AL,DAT
        REPNE       SCASB
        JE          DEL
        JMP         EXIT
DEL:    JCXZ        FILL
NEXT:   MOV         BL,[DI]
        MOV         [DI-1],BL
        INC         DI
        LOOP        NEXT
FILL:   MOV         【11】, 24H
EXIT:   RET
START   ENDP
CSEG    ENDS
        END         START
```

12. 第 11 题的程序执行到 DEL: JCXZ   FILL 指令时，CX 寄存器的内容是 【12】。

—— 104 ——

13. 第 11 题的程序执行完毕后，以 BUF 为首地址的 4 个字节单元中的字符依次为【13】。

14. 换码指令 XLAT 完成的操作是【14】。它经常用于把一种代码转换为另一种代码。如果执行此操作，应首先建立一个字节表格，但表格的长度不能超过 256 个字节。

15. 电缆可以按其物理结构类型分类目前计算机网络使用最普遍的电缆类型有同轴电缆、双绞线和【15】。

16. 汇编语言程序设计中的 4 种构成方法分别是顺序程序设计、【16】、循环程序设计和子程序。

17. 假设某单碟硬盘的每一面有 8192 个磁道，每个磁道有 2048 个扇区，每个扇区的容量为 512 字节，则该硬盘的容量为【17】GB（保留整数部分）。

18. 在异步工作方式时，当存储器的读出时间大于 CPU 所要求的时间时，为了保证 CPU 与存储器时序的正确配合，就要利用【18】信号，使 CPU 插入一个等待周期 TW 状态。

19. 对于指令 MOV BX,（（PORT_VAL LT 5）AND 20）OR（（PORT_VAL GE 5）AND 30），当 PORT_VAL＜5 时，汇编结果为 MOV BX,【19】；否则，汇编结果为：MOV BX, 30。

20. 图像文件的种类很多，例如 JPG 文件、BMP 文件、GIF 文件、TIFF 文件、PNG 文件等。目前，在 Web 网页中应用广泛，提供了数据压缩功能和图像渐进显示功能，且可将多幅图画保存在一个文件中的图像文件，其类型（文件扩展名）是【20】。

第 11 套

一、选择题

下列各题 A、B、C、D 四个选项中，只有一个选项是正确的，请将正确选项涂写在答题卡相应位置上，答在试卷上不得分。

1. 下列串操作指令中，（   ）指令前加重复前缀指令 REP 是没有实际使用价值的。
   A. MOVSB   B. STOSB   C. LODSB   D. CMPSB

2. 下列指令中有语法错误的是（   ）。
   A. SHL AX，CL   B. MOV AX，[DX]
   C. OUT DX，AL   D. MOV EAX，[EDX]

3. 条件转移指令的转移范围是（   ）。
   A．-128～127   B．-32768～32767   C．0～255   D．0～65535

4. 一台计算机中的寄存器、快存（Cache）、主存及辅存，其存取速度从高到低的顺序是（   ）。
   A．主存，快存，寄存器，辅存   B．快存，主存，寄存器，辅存
   C．寄存器，快存，主存，辅存   D．寄存器，主存，快存，辅存

5. 所谓信息高速公路就是（   ）。
   A．Internet   B．国家信息基础结构
   C．B-ISDN   D．结构化布线系统

6. 在下列有关 Windows XP 内存管理功能的叙述中，错误的是（   ）。
   A．对于 x86 系统的 32 位 Windows 操作系统来说，虚拟地址空间为 4GB
   B．通过设置，用户地址空间可以为 3GB
   C．内存的页面大小是固定的，为 4KB
   D．系统最多可支持 4 个页面文件

7. 假设数据段有定义 DST DW 1234H，5678H，则执行 LES DI，DWORD PTR DST 指令后（DI）=（   ）。
   A．5678H   B．3412H   C．1234H   D．7856H

8. 执行 01H－0FFH 运算后，CF 和 OF 的状态分别为（   ）。
   A．0 和 0   B．0 和 1   C．1 和 0   D．1 和 1

9. 下列关于 PC 机内存的叙述中，错误的是（　　　）。

    A. 已经启动运行的程序及其数据存放在内存中

    B. 内存的基本编址单位是字节

    C. 内存的工作速度比 CPU 慢得多

    D. 内存的容量一般不能扩充

10. Pentium 4 微处理器体系结构的特征是（　　　）。

    A. 完全采用 RISC 体系结构

    B. 完全采用 CISC 体系结构

    C. 核心部分采用 RISC 体系结构，但内部增加了 RISC 到 CISC 的转换部件

    D. 核心部分采用 CISC 体系结构，但内部增加了 CISC 到 RISC 的转换部件

11. 下列说法中正确的是（　　　）。

    A. 程序的并发执行是现代操作系统的一个基本特征

    B. 虚拟内存实际上是辅存空间

    C. 磁带是可直接存取的设备

    D. 所谓"脱机作业控制"是采用键盘命令直接控制作业

12. MP3 是一种广泛使用的数字声音格式。下面关于 MP3 的叙述中，正确的是（　　　）。

    A. 与 MIDI 相比，表达同一首乐曲时它的数据量比 MIDI 声音要小得多

    B. MP3 声音是一种全频带声音数字化之后经过压缩编码得到的

    C. MP3 声音的码率大约是 56kb/s 左右，适合在网上实时播放

    D. MP3 声音的质量几乎与 CD 唱片声音的质量相当

13. 下面关于 8237 可编程 DMA 控制器的叙述中，错误的是（　　　）。

    A. 8237 有 4 个 DMA 通道

    B. 8237 的数据线为 16 位

    C. 每个通道有硬件 DMA 请求和软件 DMA 请求两种方式

    D. 每个通道在每次 DMA 传输后，其当前地址寄存器的值自动加 1 或减 1

14. 根据下面的程序段，AL 寄存器中的数据是（　　　）。

```
NUM     DW      ?
NAME    DW      10 DUP（?）
CNT     EQU     10
LEN     EQU     $－NUM
MOV     AL，LEN
```

    A. 16H   B. 17H   C. 11H   D. 12H

15. Pentium 微处理器执行存储器读周期时，在时钟周期 T1 期间必须使 $\overline{ADS}$（address data

strobe）和 W/$\overline{R}$ 信号处于什么状态（　　　）

    A. 0，0　　　　　　B. 0，1　　　　　　C. 1，0　　　　　　D. 1，1

16. 以下论述正确的是（　　　）。

    A. 在中断响应中，保护断点是由中断响应自动完成的。

    B. 简单中断，中断是由其他部件完成，CPU 仍执行原程序

    C. 在中断响应中，保护断点、保护现场应由用户编程完成

    D. 在中断过程中，若有中断源提出中断，CPU 立即实现中断嵌套

17. 具有两条指令流水线的 CPU，一般情况下，每个时钟周期可以执行（　　　）。

    A. 一条指令　　　　B. 两条指令　　　　C. 三条指令　　　　D. 四条指令

18. Windows 系列操作系统是目前 PC 机上使用的主流操作系统。在下列有关 Windows 系列操作系统的叙述中，错误的是（　　　）。

    A. Windows 98 不依赖于 DOS，但提供 DOS 工作方式

    B. Windows 98 的系统体系结构与 Windows 95 相同，它是 Windows 95 的改进

    C. Windows 2000 Professional 是一种适合于在服务器上使用的版本

    D. Windows XP 是 Windows 系列中把消费型操作系统和商业型操作系统融合为统一系统代码的操作系统

19. MOV AX，ES:［BX］［SI］的源操作数的物理地址是（　　　）。

    A. 16d×（DS）+（BX）+（SI）　　　　　　B. 16d×（ES）+（BX）+（SI）

    C. 16d×（SS）+（BX）+（SI）　　　　　　D. 16d×（CS）+（BX）+（SI）

20. Pentium 微处理器的突发式存储器读/写总线周期包含（　　　）CPU 时钟周期。

    A. 2 个　　　　　　B. 3 个　　　　　　C. 4 个　　　　　　D. 5 个

21. 为了支持不同的辅助存储器以及与早期的操作系统相兼容，Windows 98 可支持多种文件系统。在下列文件系统中，Windows 2000/XP 支持但 Windows 98 不支持的是（　　　）。

    A. CDFS　　　　　　B. NTFS　　　　　　C. FAT32　　　　　　D. FAT12

22. 下面有关视频获取设备的叙述中，错误的是（　　　）。

    A. 电视接收卡的主要功能是接收标准的电视信号，并直接将模拟视频信号输出到显示器上

    B. 视频采集卡将放像机、影碟机等输入的模拟视频信号经过取样、量化以后转换为数字视频输入到主机中

    C. 数字摄像头通过镜头采集视频图像，转换成数字信号后输入到主机中

    D. 数字摄像机对拍摄的视频图像进行压缩编码，并记录在存储介质上

23. 在 Windows XP 中，默认情况下，最小的页面文件大小值为 RAM 的大小（当内存小于

1GB 时）或 RAM 的 1.5 位（当内存大于或等于 1GB 时），最大的页面文件大小值为 RAM 的（　　）。

A. 2 倍 　　　　B. 3 倍 　　　　C. 5 倍 　　　　D. 10 倍

24. 80x86 指令的执行过程一般包括取指、译码、取数、执行和回写 5 个阶段。对于 MOV EAX, EBX 指令，应该包括哪些阶段？（　　）。

A. 取指、译码、取数、执行、回写 　　　B. 取指、译码、执行、回写
C. 取指、译码、执行 　　　　　　　　　D. 取指、执行

25. 对于 8086，将（　　）信号作为低 8 位数据的选通信号。

A. AD_0 　　　　B. AD_{15} 　　　　C. AD_7 　　　　D. AD_8

26. 设 AL、BL 中都是带符号数，当 AL≤BL 时转至 NEXT 处，在 CMP AL，BL 指令后应选用正确的条件转移指令是（　　）。

A. JBE 　　　　B. JNG 　　　　C. JNA 　　　　D. JNLE

27. CRC 码的产生和校验需要生成多项式，若生成多项式最高为 n 次幂，则校验值有（　　）位。

A. n–1 　　　　B. n 　　　　C. n+1 　　　　D. 以上都不对

28. 下面是与 PC 主板相关的叙述，其中错误的是（　　）。

A. 芯片组是构成主板控制电路的核心
B. CPU 芯片通过主板上的处理器插座（或插槽）插在主板上
C. 内存条通过主板上相应的插槽插在主板上
D. 硬盘和光驱通过 AGP 接口与主板连接

29. 下面关于 SCSI（小型计算机标准接口）的叙述中，错误的是（　　）。

A. SCSI 总线上的设备分为启动设备与目标设备两大类
B. SCSI 总线通过 SCSI 适配器与主机相连
C. 连接在 SCSI 总线上的外设相互通信时须在系统主机的具体介入下才能进行
D. SCSI 总线以并行方式传送数据

30. 在下列有关 Windows 98/XP 处理器管理功能的叙述中，错误的是（　　）。

A. 支持虚拟 8086 模式以运行 DOS 程序
B. 无论是工作在实模式状态还是保护模式状态，系统均支持多任务
C. 从启动过程来看，系统自检时工作在实模式状态，系统启动成功后工作在保护模式
D. 在多任务处理时，只有前台任务窗口（活动窗口）能接受用户的输入

31. 磁盘存储器的记录方式一般采用（　　）。

A. 归零制   B. 不归零制   C. 调频制   D. 调相制

32. 按工作方式分类，热敏型打印机属于（   ）。

     A. 串行式打印机   B. 并行式打印机

     C. 击打式打印机   D. 非击打式打印机

33. 汇编语言源程序经汇编后不能直接生成（   ）。

     A. EXE 文件   B. LST 文件   C. OBJ 文件   D. CRF 文件

34. 下面有关数码相机的叙述中，错误的是（   ）。

     A. 数码相机的成像芯片有 CCD 和 CMOS 两种

     B. 数码相机没有模/数转换功能

     C. 像素数目是影响数码相机拍摄图像质量的因素之一

     D. 数码相机的存储卡有多种类型，它们大多采用 flash memory

35. 数字波形声音的数据量与（   ）参数无关。

     A. 量化位数   B. 采样频率   C. 声道数目   D. 声卡类型

36. MMX 是一种（   ）技术。

     A. 多媒体扩展   B. 即插即用   C. 超级流水线   D. 分支预测

37. 从计算机软硬件资源管理角度来看，操作系统的主要功能包括五个方面：处理器管理、存储管理、文件管理、设备管理和作业管理。其中，存储管理的主要功能是有效地管理系统的存储资源，特别是对（   ）进行管理。

     A. Cache 存储器   B. 主存储器

     C. 辅助存储器   D. CPU 中的寄存器

38. 显示器是 PC 机的一种输出设备，它必须通过显示控制卡（简称显卡）与 PC 机相连。在下面有关 PC 机显卡的叙述中，（   ）是错误的。

     A. 显示存储器做在显卡中，在物理上独立于系统内存，CPU 不能访问显存的内容

     B. 目前 PC 机使用的显卡大多与 VGA 兼容，即至少能支持 640×480 的分辨率、60Hz 的帧频和 256 种颜色

     C. 显示屏上显示的信息都被保存在显卡中，通过显卡中的显示控制器送到屏幕上

     D. 显卡中的总线接口用于显示控制器和系统内存之间的通信，目前大多通过 AGP 端口直接与系统内存连接

39. 计算机网络中最早使用的是微波信道，其速率范围是（   ）。

     A. 100Mbps～1Gbps   B. 1Gbps～20Gbps

     C. 20Gbps～30Gbps   D. 30Gbps～40Gbps

40. PC 机可以配置的外部设备越来越多，这带来了设备管理的复杂性。在下列有关设备管理的叙述中，错误的是（　　）。

A. 设备管理是指对 I/O 设备的管理，不包括磁盘等外存储设备

B. 在 Windows 98 环境下，系统可以将打印机等独占设备改造成共享设备

C. Windows 98 支持多种类型的设备驱动程序，包括实模式的驱动程序和保护模式的驱动程序

D. 目前数码相机等数码影像设备一般通过 USB 或 IEEE-1394 接口与 PC 机相连接，并采用 WMD 驱动程序

41. 假设（AL）=9BH，执行 DAA 指令，CPU 将自动完成（　　）操作。

A. (AL)+00H→AL
B. (AL)+06H→AL
C. (AL)+60H→AL
D. (AL)+66H→AL

42. CPU 中程序计数器（PC）中存放的是（　　）。

A. 指令
B. 指令地址
C. 操作数
D. 操作数地址

43. 指令 LOOPZ 的循环执行条件是（　　）。

A. CX≠0 并且 ZF=0
B. CX≠0 或 ZF=0
C. CX≠0 并且 ZF=1
D. CX≠0 或 ZF=1

44. 条件转移指令 JNE 的测试条件是（　　）。

A. ZF=1
B. CF=0
C. ZF=0
D. CF=1

45. 下面关于数码相机的叙述中，错误的是（　　）。

A. 数码相机的成像芯片有 CCD 和 CMOS 之分，目前数码相机大多采用 CCD 芯片

B. 拍摄分辨率为 1024×768 的数字相片，数码相机的像素总数必须在 300 万以上

C. 数码相机的存储容量取决于所配存储卡的容量

D. 数码相机的存储卡有 CF 卡、SD 卡和 Memory Stick 卡等，一般不能互换使用

46. 在关中断状态，不可响应的中断是（　　）。

A. 硬件中断
B. 软件中断
C. 可屏蔽中断
D. 不可屏蔽中断

47. 某计算机主存容量为 2048KB，这里 2048KB 即为（　　）个字节。

A. $25×2^{30}$
B. $2×2^{20}$
C. $2048×10^6$
D. 2048

48. CPU 响应 DMA 传送请求的信号是（　　）。

A. READY
B. BUSAK
C. RD
D. WR

49. 下面是关于 PCI 总线的叙述，其中错误的是（　　）。

A. PCI 支持即插即用

B．PCI 的地址线与数据线是复用的

C．PC 机中不能同时使用 PCI 总线和 ISA 总线

D．PCI 是一种独立设计的总线，它的性能不受 CPU 类型的影响

50. 声音卡简称声卡，是 PC 机组成部件之一。下面是有关声卡功能的叙述：

Ⅰ．可以对输入的模拟声音信号进行采样和量化，以转换为数字波形形式

Ⅱ．能将数字声音还原为模拟声音信号

Ⅲ．能进行混音和音效处理

Ⅳ．可合成 MIDI 音乐

以上叙述中，（　　　）是正确的。

A．仅Ⅰ和Ⅱ　　　　　B．仅Ⅰ、Ⅱ和Ⅲ　　　C．仅Ⅰ和Ⅲ　　　　D．全部

51. 以下是有关磁盘存储器的叙述：

Ⅰ．盘面上用于记录信息的一组同心圆称为磁道

Ⅱ．每条磁道被分成若干扇区，每个扇区的容量相等

Ⅲ．多个单碟组成的磁盘存储器中，相同磁道组成一个柱面

Ⅳ．磁盘存储器中扇区的物理位置由柱面号、磁头号、扇区号确定

上述叙述中，哪些是正确的？（　　　）

A．仅Ⅰ、Ⅱ和Ⅲ　　　　　　　　　B．仅Ⅰ和Ⅲ

C．仅Ⅱ、Ⅲ和Ⅳ　　　　　　　　　D．全部

52. 在下列有关进程和线程的叙述中，错误的是（　　　）。

A．进程是一个具有一定独立功能的程序在一个数据集合上的一次动态执行过程

B．在 Windows 环境下，进程总是与窗口对应的，即一个窗口对应一个进程，反之亦然

C．并非所有的 Windows 应用程序均是多线程的

D．Windows 98/XP 将线程作为处理器高度的对象，将进程作为其他资源分配的单位

53. 使用电话拨号方式接入 Internet 时，不需要的是（　　　）。

A．电话线路　　　　B．MODEM　　　　C．计算机　　　　D．网卡

54. 执行下列指令后，（CX）＝（　　　）。

TABLE　DW 10H，20H，30H，40H，50H

X　　DW 3

　　　LEA BX，TABLE

　　　ADD BX，X

MOV CX，［BX］

A．0030H　　　　B．0003H　　　　C．3000H　　　　D．2000H

55. 下面关于 USB 和 IEEE-1394 的叙述中，正确的是（　　　）。

A．IEEE-1394 的数据传送方式是并行的，USB 的数据传送方式是串行的

— 112 —

B. IEEE-1394 能向被连接的设备提供电源，而 USB 则不能

C. IEEE-1394 和 USB 均支持即插即用功能

D. 作为 PC 机的外设接口，IEEE-1394 比 USB 更为普及

56. 执行以下程序段后，（BX）＝（　　　）。

```
        MOV AX，0
        MOV BX，1
        MOV CX，100
   A:   ADD AX，BX
        INC BX
        LOOP A
        HLT
```

  A. 99   B. 100   C. 101   D. 102

57. 当采用（　　）输入操作情况下，除非计算机等待，否则无法传送数据给计算机。

  A. 程序查询方式   B. 中断方式   C. DMA 方式   D. 睡眠方式

58. Windows XP 是由多个模块组成的一个功能强大的操作系统，下列（　　）模块负责处理键盘和鼠标的输入，并以窗口、图标、菜单和其他界面元素的形式完成输出任务。

  A. User   B. Kernel   C. GDI   D. BIOS

59. 8086 和 Pentium 微处理器访问内存时，若需要插入等待周期，应分别在（　　）时钟周期后插入。

  A. T1 后，T1 后   B. T3 后，T2 后

  C. T3 后，T1 后   D. T1 后，T3 后

60. 在寄存器间接寻址方式中，操作数在（　　）中。

  A. 通用寄存器   B. 堆栈   C. 主存单元   D. 段寄存器

二、填空题

请将答案分别写在答题卡中序号为【1】至【20】的横线上，答在试卷上不得分。

1. 总线的性能指标主要包含总线的宽度、总线的位宽和【1】三方面的内容。

2. 采用 GB2312 汉字编码标准时，某汉字的机内码是 BEDF（十六进制），其对应的区位码是【2】。

3. 指令 "AND AX,STR1 AND STR2" 中，STR1 和 STR2 是两个已赋值的变量，两个 AND 的区别是，第一个 AND 是逻辑与指令，而第二个 AND 是逻辑与【3】。

4. PC 机目前使用的大多数显示卡与 VGA 兼容，VGA 标准的分辨率是【4】，帧频是 60Hz，每个像素有 256 种颜色可选。

5. 假设（DS）=0B000H，（BX）=080AH，（0B080AH）=05AEH，（0B080CH）=4000H，当执行指令 "LES DI，[BX]" 后，（DI）=【5】，（ES）=4000H。

6. 数据段中有以下定义：

    ARRAY1   EQU   16H

    ARRAY2   DW   16H

  指出下面指令的寻址方式：

    MOV   AX，ARRAY1   ；寻址方式：【6】；

7. Pentiun 微处理器的地址线是 32 根，Pentium Pro、Pentium Ⅱ、Pentium Ⅲ和 Pentium 4 微处理器的地址线是【7】根。

8. 异步通信传送信息 10101010 时若采用偶校验，则传送时附加的校验位是【8】。

9. 在 PC 机中，当系统发生某个事件时，CPU 暂停现行程序去执行相应服务程序的过程，称为【9】。

10. 位于 CPU 和主存 DRAM 之间、容量较小但速度很快的存储器称为【10】。

11. 某计算机中一个 16 位的二进制代码 1101 1110 0101 1000，它若表示的是一个浮点数，该浮点数格式如下：

15	12	11	10	0
阶码		数符	尾数	

  其中，阶码为移码（又叫增码），基数为 2，尾数用补码表示，则该浮点数的值（十进制）是【11】。

12. 一张单面 3.5 英寸软盘有 80 条磁道，每条磁道有 18 个扇区，每个扇区有 1024 个字节，则该软盘的总容量为【12】。

13. 在 Windows XP 中，时限只能选择两种设置之一：短时限或长时限。其中，短时限为 2 个时钟间隔，长时限为【13】个时钟间隔。

14. 在网络中，名称解析是指这样一个过程：将基于字符的名称，例如 MyComputer 或 www.microsoft.com，转译成一个可被协议栈识别的数值地址，例如 192.168.1.1。Windows 提供的名称解析协议主要是域名系统，其英文缩写为【14】。

15. 冯·诺依曼计算机体制核心思想的三个要点分别是：采用二进制代码表示指令和数据、采用存储程序控制工作方式和计算机的硬件系统由存储器、输入设备、输出设备、【15】、控制器五大部件组成。

16. 针式打印机的打印速度用 CPS 来衡量，其含义为每秒钟打印的字符数。激光打印机和喷墨打印机都是一种页式打印机，它们的速度用【16】来衡量，其含义为每分钟可以打印的页数。

17. 进程是一个具有一定独立功能的程序在一个数据集合上的一次动态执行过程。进程从创建到终止其状态分为 5 种，它在执行过程中不断地在这几种状态之间切换，并且状态的转换是有一定的条件和方向的。在以下的进程状态及其状态转换示意图中，问号（？）所指的状态应为【17】。

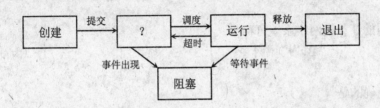

18. 在 1000H 单元中有一条二字节指令 JMP SHORT LAB，如果其中偏移量分别为 30H、6CH、0B8H，则转向地址 LAB 的值分别为【18】；106EH；   10BAH。

19. 8237 DMA 控制器本身有 16 位的地址寄存器和字节计数器，若附加有 4 位的页面地址寄存器，则可以在容量为【19】的存储空间内进行 DMA 数据传送。

20. 一个有 16 个字的数据区，它的起始地址为 70A0: DDF6H，那么该数据区的最后一个字单元的物理地址为【20】H。

第 12 套

一、选择题

下列各题 A、B、C、D 四个选项中，只有一个选项是正确的，请将正确选项涂写在答题卡相应位置上，答在试卷上不得分。

1. Pentium 微处理器为了支持用户、多任务操作，提供了 4 个特权级。操作系统核心程序和用户程序的特权级分别是（　　）。
   A. 0 级和 1 级　　　　B. 1 级和 2 级　　　　C. 2 级和 3 级　　　　D. 0 级和 3 级

2. 一幢办公楼内的计算机网络系统可称为（　　）。
   A. 广域网　　　　B. 局域网　　　　C. 城域网　　　　D. 内部网

3. 下列描述中正确的是（　　）。
   A. 汇编语言仅由指令语句构成
   B. 汇编语言包括指令语句和伪指令语句
   C. 指令语句和伪指令语句的格式是完全相同的
   D. 指令语句和伪指令语句需经汇编程序翻译成机器代码后才能执行

4. 在下列有关 Windows XP 所支持的文件系统的叙述中，错误的是（　　）。
   A. FAT12 文件系统目前主要是用于软盘的管理
   B. 从性能上看，FAT32 文件系统比 NTFS 文件系统更安全、更稳定
   C. 一个磁盘可以有多个分区，且多个分区可以采用不同的文件系统
   D. UDF 文件系统既适用于 CD 光盘，也适用于 DVD 光盘

5. ASCII 编码字符集是最常用的西文字符集。下列关于 ASCII 编码字符集的叙述中，错误的是（　　）。
   A. 每个字符的编码在内存中只占一个字节
   B. 英文大小写字母的编码不相同
   C. 每个字符在 PC 机键盘上都有一个键与之对应
   D. 部分字符是不可显示（打印）的

6. 计算机中使用的图像文件格式有多种。下面关于常用图像文件的叙述中，错误的是（　　）。
   A. JPG 图像文件是按照 JPEG 标准对静止图像进行压缩编码生成的一种文件
   B. BMP 图像文件在 Windows 环境下得到几乎所有图像应用软件的广泛支持
   C. TIF 图像文件在扫描仪和桌面印刷系统中得到广泛应用

D. GIF 图像文件能支持动画，但不支持图像的渐进显示

7. 磁盘存储器的等待时间指（　　）。
   A. 磁盘旋转一周所需时间
   B. 磁盘旋转半周所需的时间
   C. 磁盘旋转 2 至 3 周所需时间
   D. 磁盘旋转 1/3 周所需的时间

8. 假定（AL）=85H，（CH）=29H，依次执行 SUB AL，CH 指令和 DAS 指令后，AL 的值是（　　）。
   A. 0EH
   B. 56H
   C. 5CH
   D. 14H

9. 目前流行的 PC 机中使用的主板是（　　）。
   A. PC 板
   B. ATX 板
   C. NLX 板
   D. AT 板

10. 下列部件中，（　　）不是实现人—机接口的部件。
    A. 显示器
    B. 硬盘
    C. 软盘
    D. 调制解调器

11. 若定义 DAT DW 'A'，则（DAT）和（DAT＋1）两个相邻的地址单元中存放的数据是（　　）。
    A. 0041H
    B. 4100H
    C. ××41H
    D. 41××H

12. 下列指令中，不影响标志寄存器中的标志位 CF 的指令是（　　）。
    A. DIV BX
    B. ADD BL，DL
    C. SUB AH，30H
    D. SHL BX，CL

13. 下面是 PC 常用的几种总线，其中数据传输率最低的是（　　）。
    A. 处理器总线（前端总线）
    B. 存储器总线
    C. PCI 总线
    D. USB

14. 假设字符串 '12FB3LM5C' 存放在首地址为 ES: ARRAY 的内存空间。试问下面的程序段执行后，CX 的值是（　　）。

    CLD
    LEA DI，ES: ARRAY
    MOV AL，42H
    MOV CX，9
    REPNE SCASB

    A. 9
    B. 5
    C. 4
    D. 0

15. PC 机系统 I／O 扩充插槽引脚上的信号是（　　）。
    A. 控制信号的延伸和再驱动
    B. 外部总线信号的延伸和再驱动
    C. CPU 引脚信号的延伸和再驱动
    D. 系统总线信号的延伸和再驱动

16. 假设保护方式下 Pentium 微理器的（DS）=0103H，则下列（　　）的段能被访问。

    A．DPL=00　　　　B．DPL=01　　　　C．DPL=10　　　　D．DPL=11

17. 在 32 位微处理器指令系统中，MOV AX，[EBX+2*ECX] 指令的源操作数寻址方式是（　　）。

    A．寄存器寻址　　　　　　　　　　　　B．寄存器比例寻址
    C．寄存器间接寻址　　　　　　　　　　D．存储器直接寻址

18. 鼠标器与主机的接口有多种，下面（　　）接口不会用作鼠标器与主机的接口。

    A．RS-232　　　　B．PS/2　　　　C．USB　　　　D．IEEE-1394

19. 下面有关汉字的叙述中，错误的是（　　）。

    A．一个汉字的区位码由该汉字在 GB2312 编码表中的区号和位号组成
    B．汉字键盘输入编码有多种，使用不同的输入编码输入同一个汉字，其内码不同
    C．输出汉字时，不同的字体对应不同的字库
    D．BIG5 是我国台湾地区使用的汉字编码字符集

20. 假设 AX 和 BX 寄存器中存放的是有符号数，为了判断 AX 寄存器中的数据是否大于 BX 寄存器中的数据，应采用下面（　　）指令序列（注：label 为标号）。

    A．SUB AX,BX　　　　　　　　　　　B．SUB AX，BX
    　　JC　　label　　　　　　　　　　　　JNC　　lable
    C．CMP AX，BX　　　　　　　　　　　D．CMP AX，BX
    　　JA　　lable　　　　　　　　　　　　JG　　label

21. Pentium 系列微处理器的内部数据总线是（　　）。

    A．32 位　　　　　　　　　　　　　　B．16 位和 32 位
    C．64 位　　　　　　　　　　　　　　D．32 位和 64 位

22. 在文件的存取方式中，数据按照其逻辑结构的顺序在存储设备上连续存放的文件称为（　　）。

    A．流式文件　　　　B．记录文件　　　　C．顺序文件　　　　D．链接文件

23. 若已知[x]补=11101011，[y]补=01001010，则[x-y]补=（　　）。

    A．10100000　　　　B．10100001　　　　C．11011111　　　　D．溢出

24. 下面关于接入 Internet 方式的描述正确的是（　　）。

    A．只有通过局域网才能接入 Internet
    B．只有通过拨号电话线才能接入 Internet
    C．可以有多种接入 Internet 的方式
    D．不同的接入方式可以享受相同的 Internet 服务

25. 在 80386 以上的微处理器指令系统中，PUSH EAX 指令的目的操作数寻址方式是（   ）。
    A. 立即寻址   B. 寄存器寻址
    C. 寄存器间接寻址   D. 存储器直接寻址

26. 下面是关于同一台 PC 主板上的两个或两个以上 32 位标准 PCI 插槽的叙述
    Ⅰ. 各插槽的引脚数相同
    Ⅱ. 各插槽中相同引脚号的引脚定义相同
    Ⅲ. 各插槽中相同引脚的信号电平标准相同
    Ⅳ. 各插槽中相同引脚号的信号工作时序相同
    其中正确的是（   ）。
    A. 仅Ⅰ   B. 仅Ⅰ和Ⅱ
    C. 仅Ⅰ、Ⅱ和Ⅲ   D. Ⅰ、Ⅱ、Ⅲ和Ⅳ

27. 数字摄像机比较复杂，为了获取 RGB 三原色信号，通常它使用的成像芯片 CCD 数量有
    （   ）。
    A. 一个   B. 两个   C. 三个   D. 四个

28. 当进程调度采用最高优先级调度算法时，从保证系统效率的角度来看，应提高（   ）
    进程的优先级。
    A. 连续占用处理器时间长的   B. 在就绪队列中等待时间长的
    C. 以计算机为主的   D. 用户

29. EPROM 是指（   ）。
    A. 只读存储器   B. 可编程的只读存储器
    C. 可擦除可编程的只读存储器   D. 不可改写只读存储器

30. 按照 80x86 机器指令编码规则，下列（   ）指令的机器代码最短。
    A. MOV AX，BX   B. MOV AX，1
    C. MOV AX，[0001H]   D. MOV AX，[BX+1]

31. 若 256 KB 的 SRAM 具有 8 条数据线，则它具有（   ）条地址线。
    A. 10   B. 15   C. 20   D. 36

32. PC 机的运算速度是指它每秒钟所能执行的指令数目，提高运算速度的有效措施是（   ）。
    ① 增加 CPU 寄存器的数目
    ② 提高 CPU 的主频
    ③ 增加高速缓存（Cache）的容量
    ④ 扩充 PC 机磁盘存储器的容量
    A. ①和③   B. ①、②和③   C. ①和④   D. ②、③和④

33. 某计算机的主存为 3KB，则内存地址寄存器（   ）位就足够了。

    A．10   B．11   C．12   D．13

34. 在下面关于微机总线的叙述中，正确的是（   ）。

    A．采用总线结构不能简化微机系统设计

    B．采用标准总线无助于不同厂商生产与微机兼容的硬件板卡和相应的配套软件

    C．在 CPU、内存与外设确定的情况下，微机采用的总线结构形式及具体的总线标准对微机性能有重要的影响

    D．采用总线结构不利于微机系统的扩充和升级

35. 当 PC 机采用 Pentium III处理器时，下面的叙述中，错误的是（   ）。

    A．处理器主频一般高于处理器总线工作频率

    B．处理器总线工作频率一般高于 PCI 总线工作频率

    C．PCI 总线工作频率高于 ISA 总线工作频率

    D．存储器总线工作频率一般不高于 PCI 总线工作频率

36. 下面是关于 PCI 总线的叙述，其中错误的是（   ）。

    A．PCI 总线支持突发传输方式   B．PCI 总线支持总线主控方式

    C．PCI 总线中没有分时复用的信号线   D．PCI 总线支持即插即用功能

37. 声音是一种波，它必须经过数字化之后才能由计算机进行存储和处理。声音信号数字化的主要步骤是（   ）。

    A．取样，编码，量化   B．量化，取样，编码

    C．取样，量化，编码   D．编码，量化，取样

38. 下面关于 SRAM、DRAM 存储器芯片的叙述中，正确的是（   ）。

    A．SRAM 和 DRAM 都是 RAM 芯片，掉电后所存放的内容会丢失

    B．SRAM 的集成度比 DRAM 高

    C．DRAM 的存取速度比 SRAM 快

    D．CUP 中的 Cache 既可用 SRAM 构成也可用 DRAM 构成

39. 打印机是一种重要的输出设备，目前使用的主要有针式打印机、激光打印机和喷墨打印机 3 类。下面关于打印机的叙述中，正确的是（   ）。

    A．针式打印机在过去曾广泛使用，但由于打印质量低、噪声大，现在已不使用

    B．激光印字机是一种高质量、高速度、噪声低、色彩丰富并且价格适中的输出设备

    C．喷墨打印机打印效果好，能多层套打，在商业、证券、邮电等领域广泛使用

    D．喷墨打印机的不足之处是墨水较贵、消耗较快、使用成本高

40. 在下列有关 NTFS 文件系统的叙述中，错误的是（   ）。

    A．NTFS 完全支持 Unicode，完全使用 Unicode 字符来存储文件、目录和卷的名称

B. NTFS 支持文件数据的压缩功能，且目录也可以被压缩

C. NTFS 包含一个称为"加密文件系统"的设施，用户可以利用其加密敏感数据

D. 利用 Windows XP 内置的磁盘工具，可以将磁盘的 NTFS 文件系统转换为 FAT 文件系统

41. 下面是关于 8259A 可编程中断控制器的叙述，其中错误的是（   ）。

A. 8259A 具有将中断源按优先级排队的功能

B. 8259A 具有辨认中断源的功能

C. 8259A 具有向 CPU 提供中断向量的功能

D. 两片 8259A 级联使用时，可将中断源扩展到 16 级

42. 声卡是多媒体计算机的一种重要的组成部件。下面关于声卡的叙述中，错误的是（   ）。

A. 声卡既是输入设备又是输出设备

B. 目前主流声卡的采样频率一般为 22.05KHz、44.lKHz、48KHz

C. 目前声卡都插在 AGP 插槽上

D. 声卡的核心部件之一是数字信号处理器，它完成声音的编码、解码和编辑等操作

43. 操作系统中，文件系统的主要目的是（   ）。

A. 实现虚拟存储   B. 实现对文件的按名存取

C. 实现对文件的按内容存取   D. 实现对文件的高速输入输出

44. 为了实现数据终端设备之间的通信，在通信网络中必须设置交换中心，以便为需要通信的数据终端建立通信链路，通信结束后再拆除链路。目前 Internet 网络中使用的交换技术主要是（   ）。

A. 电路交换   B. 报文交换   C. 分组交换   D. 信元交换

45. 下列指令合法的是（   ）。

A. OUT DX，AL   B. MOV DS，1000H

C. XCHG［DI］，［SI］   D. MUL BL

46. 在 DMA 有效操作周期中，可以根据需要插入一个或多个 W 周期，W 周期的插入位置是在（   ）。

A. S0 与 S1 之间   B. S1 与 S2 之间

C. S2 与 S3 之间   D. S3 与 S4 之间

47. 在下列 Windows 98/XP 提供的多媒体组件中，与三维动画处理相关的是（   ）。

A. OpenGL   B. MCI   C. VFW   D. DirectSound

48. （   ）的页面淘汰算法效益最高。

A. 最佳页面淘汰算法（OPT）

B. 最近最少使用页面淘汰算法（LRU）

C. 最不经常使用页面淘汰算法（LFU）

D. 先进先出页面淘汰算法（FIFO）

49. Direct X 是 Windows 98/XP 内置的功能强大的多媒体服务组件。在下列 Direct X 组件中，主要提供 DVD 播放和控制（包括音频视频的解码和播放）功能的是（　　）。

    A. DirectDraw　　　　　　　　　　B. DirectAnimation

    C. DirectPlay　　　　　　　　　　　D. DirectShow

50. 下面有关 PC 机接入 Internet 的叙述中，错误的是（　　）。

    A. 使用电话网接入 Internet 时，需要使用 Modem

    B. ADSL 和 ISDN 一样，上网和打电话可以同时进行

    C. ISDN 的下载速度比上传速度快

    D. 利用有线电视网接入 Internet 时，需要用到一种专门的 Modem

51. 以下对 IBM-PC 系列及其兼容机论述正确的是（　　）。

    A. 采用的设备统一编址，寻址空间达 1MB

    B. 采用的设备单独编址，外设编址达 1MB

    C. 采用设备统一编址，寻址空间达 64KB

    D. 采用设备单独编址，寻址空间达 64KB

52. 在下列有关 Windows 98/XP 多媒体功能或组件的叙述中，错误的是（　　）。

    A. Windows 应用程序可通过媒体控制接口（MCI）来控制和使用多媒体设备

    B. OpenGL 主要用于二维图形的处理，不支持三维图形的处理

    C. VFW 是一种数字视频处理软件

    D. 系统提供了 Direct X 诊断工具，可用于 Direct X 的查看和测试

53. 8086/8088 系统中，每个逻辑段最多存储单元为（　　）。

    A. 1MB　　　　　　　　　　　　　B. 根据程序的设置而定

    C. 256KB　　　　　　　　　　　　　D. 64KB

54. 下面关于 RS-232 标准的叙述中，错误的是（　　）。

    A. PC 串行通信接口（COM 口）采用的是 RS-232 标准

    B. RS-232 标准采用负逻辑，逻辑 1 的电平比逻辑 0 的电平低

    C. RS-232 标准接口中不包括"信号地"引脚

    D. 采用 RS-232 标准的数据终端设备 DTE 和数据通信设备 DCE 中同名信号的流向相反

55. 某计算机的字长是 16 位，它的存储容量是 64KB，若按字编址，那么它的寻址范围是（　　）。

    A. 0～64K　　　　　B. 0～32K　　　　　C. 0～64KB　　　　　D. 0～32KB

56. 执行下面的命令，AX 寄存器中的数据是（   ）。

MOV AX，123H

MOV DX，4

MUL DX

    A. 4936H   B. 48D0H   C. 2340H   D. 0234H

57. 计算机系统软件中的汇编程序是一种（   ）。

    A. 汇编语言程序

    B. 编辑程序

    C. 翻译程序

    D. 将高级语言程序转换成汇编语言程序的程序

58. 下面有（   ）条指令执行后不会改变目的操作数

    1　SUB AL，BL   2　AND AL，BL

    3　CMP AL，BL   4　TEST AL，BL

    A. 一条   B. 2 条   C. 3 条   D. 4 条

59. 假定被检验的数据 M（x）=1000，其选择生成多项式为 G（x）=x3+x+1，该数据的循环冗余校验码（CRC 码）应为（   ）。

    A. 1000110   B. 1000101   C. 1000111   D. 1000000

60. Modem 是家庭 PC 机利用电话线上网的常用设备之一。下面关于 Modem 的叙述中，错误的是（   ）。

    A. Modem 既能将数字信号变换成模拟信号，也能把模拟信号恢复成数字信号

    B. Modem 的数据传输速率一般是 33.6kbps 或 56kbps

    C. Modem 工作时需遵守一系列的协议，包括调制协议、差错控制协议和数据压缩协议等

    D. 有一种"软 Modem"，其功能都是由软件完成的，不需要专门的硬件

二、填空题

请将答案分别写在答题卡中序号为【1】至【20】的横线上，答在试卷上不得分。

1. 下列程序执行后，SI 寄存器中的内容是【1】。

MOV SI，−1

MOV CL，4

SAL SI，CL

AND SI，5FF0H

OR SI，9F0FH

NOT SI

2. 下列程序的功能是用直接填入法将 60H 号类型中断服务程序 INT 60H 的入口地址填入中断向量表中，请填空。

```
MOV     AX,0
MOV     ES,AX
MOV     BX,60H*4
MOV     AX,OFFSET INT 60H
MOV     ES: WORD PTR[BX],AX
【2】
ADD     BX,2
MOV     ES: WORD PTR[BX],AX
    ⋮

INT     60H
PROC
    ⋮

IRET
INT     60H
ENDP
```

3. 指令 LOOPZ/LOOPE 是结果为零或【3】发生转移的指令，而指令 LOOPNZ/LOOPNE 则是结果不为零或不相等发生转移的指令。

4. 计算机的主存储器（内存）用来存储数据和指令，为了实现按地址访问，每个存储单元必须有一个唯一的地址。PC 机主存储器的编址最小单位是【4】。

5. 半导体存储器从器件原理的角度可以分为单极型存储器和【5】。

6. 8250 采用奇校验传送字节 10101010 时，附加的校验位是【6】。

7. 使用 8259A 进行中断控制时，CPU 首先应对 8259A 内部的各寄存器写入相应的【7】命令字 ICW 和操作命令字 OCW，即要对 8259A 进行初始化编程。

8. 在取样频率、量化位数、声道数目等参数一定时，数字波形声音的码率（bit rate）主要由它所采用的【8】方法决定。

9. 控制器包括指令寄存器、指令译码器以及定时与控制电路。根据【9】的结果，以一定的时序发出相应的控制信号，用来控制指令的执行。

10. Wndows XP 内置的支持多媒体功能的组件中，能够从模拟视频采集数字视频信号，将数据进行压缩后存储到文件中，并对视频信息进行处理的是【10】。

11. 8086 CPU 执行一条指令需要几个时钟周期，在 Pentium 微处理器中，由于采用了【11】技术，在一个时钟周期内可以执行两条指令。

12. 通过发送"网际消息控制协议（ICMP）"应答请求消息来验证与另一台 TCP/IP 计算机的 IP 级连接，可以使用命令【12】。

13. CPU 访问内存时，存取操作能直接在 Cache 中完成的概率称为【13】率，它是 Cache 的重要指标之一。

14. 激光打印机的激光机头由激光光源、旋转反射镜、聚焦透镜和感光鼓等部分组成。其中【14】表面涂有光电转换材料，计算机输出的文字或图形以不同密度的电荷分布记录在它表面，以静电形式形成了"潜像"，然后再以电子照相的方式在纸上输出。

15. 一个有 16 位字的数据区，它的起始地址为 70A0: DDF6，那么该数据区的最后一个字单元的物理地址为【15】H。

16. 当打开 PC 机电源时，会在显示器上看到内存数目快速递增的显示、软硬盘驱动器指示灯闪亮并伴有磁头复位动作等现象，这些都说明 PC 机在实施【16】。

17. 为了避免网卡间的地址冲突，每块网卡都必须给定一个全球唯一的地址，称为网卡的物理地址（或称为 MAC 地址）。以太网卡的 MAC 地址是一个【17】位的二进制数。

18. 同轴电缆是网络中应用十分广泛的传输介质之一，同轴电缆按照传输信号的方式可以分为【18】和宽带同轴电缆。

19. 打印机是一种常用的输出设备，除了有些高速激光印字机使用 SCSI 接口与 PC 机相连以外，打印机一般都使用并行接口与 PC 机相连，但近年来使用【19】接口的情况越来越多。

20. 某显示器分辨率为 1024×768，则全屏幕像素个数为【20】。

第 13 套

一、选择题

下列各题 A、B、C、D 四个选项中，只有一个选项是正确的，请将正确选项涂写在答题卡相应位置上，答在试卷上不得分。

1. 已知 JNC 指令的机器代码是 73XXH（XX 是根据条件转移确定的偏移量），CF＝0，IP＝1000H，试问执行该指令后，IP＝（　　）。
   A. 0FFFH   B. 10FEH   C. 0FFEH   D. 10FCH

2. 下面关于微处理器的叙述中，错误的是（　　）。
   A. 微处理器是用单片超大规模集成电路制成的具有运算和控制功能的处理器
   B. 一台计算机的 CPU 可能由 1 个、2 个或多个微处理器组成
   C. 日常使用的 PC 机只有一个微处理器，它就是中央处理器
   D. 目前巨型计算机的 CPU 也由微处理器组成

3. 使用专用 I/O 指令为每个外围设备 I/O 接口中的有关寄存器分配 I/O 端口地址，此方式称为（　　）。
   A. 端口编址   B. 外设与内存统一编址
   C. 外设独立编址   D. 内存寻址

4. 在下列有关 Windows XP 设备管理功能的叙述中，正确的是（　　）。
   A. Windows XP 支持一切设备的即插即用
   B. 所有的设备驱动程序均采用 WDM 模型
   C. USB 接口的设备不需要驱动程序
   D. Windows XP 支持 PnP 技术和 ACPI 电源管理规范

5. 目前，我国家庭计算机用户接入互联网的几种方法中，传输速度最快的是（　　）。
   A. FTTH＋以太网   B. ADSL   C. 电话 Modem   D. ISDN

6. 在指令"ADD@R，Ad"中，源操作数在前，目的操作数在后，该指令执行的操作是（　　）。
   A.（（R））＋（Ad）→（Ad）   B.（（R））＋（（Ad））→Ad
   C.（R）＋（（Ad））→（Ad）   D.（（R））＋（Ad）→Ad

7. 执行下列指令后，SP 寄存器的值是（　　）。
   MOV SP，1000H

PUSH AX

A. 0FFEH   B. 0FFFH   C. 1001   D. 1002H

8. 除法调整指令 ADD 是对（   ）调整。

    A. AX 中组合的十进制除数   B. AL 中组合的十进制的商数

    C. AX 中未组合的十进制被除数   D. AL 中未组合的十进制的商数

9. 常见的文件组织结构有（   ）。

    A. 顺序结构、链接结构、索引结构、Hash 结构、索引顺序结构

    B. 链接结构、索引结构、Hash 结构、索引顺序结构

    C. 顺序结构、链接结构、索引结构、Hash 结构

    D. 顺序结构、链接结构、索引结构、索引顺序结构

10. 工作在保护模式下的 Pentium 微处理器出现中断调用时，中断服务程序的段描述符在（   ）。

    A. 在 GDT 中   B. 在 LDT 中

    C. 在 GDT 或 LDT 中   D. 在 IDT 中

11. 存储器物理地址形成规则是（   ）。

    A. 段地址＋偏移量   B. 段地址左移 4 位＋偏移量

    C. 段地址×16H＋偏移量   D. 段地址×10＋偏移量

12. INC 指令不影响（   ）标志。

    A. OF   B. CF   C. SF   D. ZF

13. Internet 使用 TCP/IP 协议实现了全球范围的计算机网络的互连，连接在 Internet 上的每一台主机都有一个 IP 地址。下面（   ）不能作为 IP 地址。

    A. 202.119.32.68   B. 25.10.35.48   C. 130.24.0.8   D. 27.257.62.0

14. 在 Windows 所提供的下列网络协议中，为与 NetWare 网络连接提供支持的是（   ）。

    A. NetBEUI   B. TCP/IP

    C. DLC   D. IPX/SPX 兼容传输协议

15. 数字视频信息的数据量相当大，必须对数字视频信息进行压缩编码才适合于存储和传输。下面关于数字视频压缩编码的叙述中，错误的是（   ）。

    A. VCD 光盘上存储的视频信息采用的是 MPEG-1 压缩编码标准

    B. DVD 光盘上存储的视频信息采用的是 MPEG-2 压缩编码标准

    C. JPEG2000 是一种最新的数字视频压缩编码标准

    D. AVI 和 MPG 都是 Windows 中视频文件的扩展名

16. 当程序在内存空间浮动时，下面（   ）指令的机器码应进行修改。

A. JMP Label（注：Label 为标号）　　　B．JMP WORD PTR [BX]

C．JMP BX　　　　　　　　　　　　D．JMP DWORD PTR [BX]

17. Windows 98/XP 提供了监视系统工作状况的多种系统工具。在下列系统工具中，可以用
    来查看当前可用内存大小的是（　　　）。

    A．资源状况　　　　B．系统监视器　　　　C．系统信息　　　　D．网络监视器

18. PC 机数据总线信号的状态是（　　　）。

    A．单向双态　　　　B．单向三态　　　　C．双向双态　　　　D．双向三态

19. 设 AL=0E0H，CX＝3，执行 RCL，AL，CL 指令后，CF 的内容为（　　　）。

    A．0　　　　　　　B．1　　　　　　　C．不变　　　　　　D．变反

20. 某计算机字长是 16 位，它的存储容量是 64KB，按字编址，寻址范围是（　　　）。

    A．32K　　　　　　B．32KB　　　　　　C．64K　　　　　　D．64KB

21. 在现行 PC 机中，I／O 端口常用的地址范围是（　　　）。

    A．0000H～FFFFH　　　　　　　　B．0000H～7FFFH

    C．0000H～3FFFH　　　　　　　　D．0000H～03FFH

22. 下面四个寄存器中，不能作为间接寻址的寄存器是（　　　）。

    A．BX　　　　　　B．DX　　　　　　C．BP　　　　　　D．DI

23. 下面是微处理器中有关 Cache 的叙述，其中错误的是（　　　）。

    A．从 Pentium 微处理器开始已经将其内部的 L1 Cache 分离为指令 Cache 和数据 Cache

    B．Pentium Ⅱ 的 L2 Cache 不在微处理器芯片内部

    C．Pentium 4 微处理器的 L1 Cache 和 L2 Cache 均集成在处理器芯片内

    D．目前市场上销售的赛扬（Celeron）微处理器价格较低，因为芯片内部没有集成 Cache

24. 视频卡的种类较多，在下列有关各种视频卡的功能说明中，错误的是（　　　）。

    A．视频采集卡的基本功能是对模拟视频信号取样、量化并转换为数字图像输入到主机

    B．实时视频压缩／解压缩除了能进行视频采集以外，还有专门的处理芯片对采集的视
    　　频数据进行实时压缩／解压缩处理

    C．电视接收卡中有电视信号的接收、调协电路，故能在 PC 机显示器上收看电视节目

    D．目前 PC 机一般都配有视频采集卡

25. 下面是有关光盘存储器的叙述

    Ⅰ．所有的光盘存储器都是可读可写的

    Ⅱ．DVD 光盘的存储容量比 CD 光盘的存储容量大得多

    Ⅲ．光盘的信息存储在一条由里向外的螺旋光道上

Ⅳ. 光盘的信息以凹坑的形式存储在光盘上，凹坑里面的平坦部分为 1，非凹坑的平坦部分为 0

其中正确的是（ ）。

A. 仅Ⅰ和Ⅱ   B. 仅Ⅱ和Ⅲ   C. 仅Ⅲ和Ⅳ   D. 仅Ⅰ和Ⅳ

26. 广域网（WAN）是一种跨越很大地域范围的计算机网络。下面关于广域网的叙述中，正确的是（ ）。

A. 广域网是一种通用的计算机网络，所有用户都可以接入广域网

B. 广域网使用专用的通信线路，数据传输速率很高

C. Internet、CERNET、ATM、X.25 等都是广域网

D. 广域网按广播方式进行数据通信

27. 在汇编语言程序设计中，若调用不在本模块中的过程，则对该过程必须用（ ）伪操作命令说明。

A. PUBLIC   B. COMMON   C. EXTERN   D. ASSUME

28. 下面是关于 Pentium 微处理器三种工作模式的叙述，其中错误的是（ ）。

A. Pentium 微处理器加电启动后首先进入实模式

B. 保护模式支持多任务操作

C. 虚拟 8086 模式是保护模式的一种特殊工作方式

D. 虚拟 8086 模式下工作的应用程序在特权级 0 上运行

29. 常用的虚拟存储寻址系统由（ ）两级存储器组成。

A. Cache—Cache   B. Cache—主存

C. Cache—外存   D. 主存—外存

30. 下面指令序列执行后完成的运算，正确的算术表达式应是（ ）。

```
MOV    AL, BYTE  PTR  X
SHL    AL, 1
DEC    AL
MOV    BYTE  PTR  Y, AL
```

A. $y = x2 + 1$ B. $x = y2 + 1$ C. $y = x*2 - 1$ D. $x = y2 - 1$

31. 下列指令中，有语法错误的是（ ）。

A. MOV [SI], [DI]   B. IN AL, DX

C. JMP WORD PTR [BX+8]   D. PUSH WORD PTR 20 [BX+SI−2]

32. 以下不全是寄存器名的是（ ）。

A. AX、AL、CX、SI、SL、SS、SP   B. BX、BH、CX、SI、ES、SS、SP

C. AX、AL、AH、SI、DX、SS、SP   D. CX、AL、SP、SI、BP、SS、SP

33. 声卡是 PC 机的一种重要的组成部件。下面有关声卡的叙述中，错误的是（   ）。

   A. 波形声音可以通过对话筒输入的声音进行采样、量化而获得

   B. 声卡必须支持混音处理功能

   C. 声卡必须支持 MIDI 音乐合成和语音合成的功能

   D. 数字信号处理器是声卡的核心部件之一，它完成数字声音的编码、解码等操作

34. PC 机中 DRAM 内存条的类型有多种，若按存取速度从高到低的顺序排列，则正确的是：
   （   ）。

   A. SDRAM, RDRAM, EDO DRAM   B. RDRAM, SDRAM, EDO DRAM

   C. EDO DRAM, RDRAM, SDRAM   D. RDRAM, EDO DRAM, SDRAM

35. 假设（AL）=4H，执行 SUB AL，5H 指令后，CF（进位标志）和 SF（符号标志）的
   状态分别为（   ）。

   A. 0 和 0   B. 0 和 1   C. 1 和 0   D. 1 和 1

36. CCD 芯片的像素数目是数码相机的重要性能指标之一。假定一个数码相机的像素数目为
   200 万，则所拍摄照片能达到的最大分辨率为（   ）。

   A. 2048×1024   B. 1024×768   C. 1280×1024   D. 1600×1200

37. 计算总线数据传输速率 Q 的一种方法是：Q=W×F/N，其中 W 为总线数据宽度（总线宽
   /8），F 为总线工作频率，N 为完成一次数据传送所需的总线周期个数。若总线位宽为 16
   位、总线工作频率为 8MHz、完成一次数据传送需 2 个总线周期，则 Q 为（   ）。

   A. 16MB/s   B. 16Mb/s   C. 8MB/s   D. 8Mb/s

38. 程序在数据段中定义数据如下：

       NUMS DB 20

          DB 53

          DB 'JACK'

   则对应下列指令的描述符中正确的是（   ）。

   Ⅰ LEA DX， NUMS

   Ⅱ MOV CL， [DX+2]

   Ⅲ MOV BX， NUMS

   A. Ⅰ、Ⅲ中指令都正确   B. Ⅰ正确，Ⅲ错误

   C. Ⅰ错误，Ⅲ正确   D. Ⅰ、Ⅲ都不正确

39. 下面的子程序是将 AL 寄存器低 4 位中的十六进制数转换为 ASCII 码，试问：该子程序
   中的横线处应填写（   ）。

   HTOASC   PROC

             AND   AL，0FH

             ADD   AL，30H

```
        CMP    AL, 39H
        JBE    DONE
        _____

DONE:       RET
HTOASC  ENDP
```
A. SUB   AL, 'A'–0AH   B. ADD   AL, 'A'–0AH
C. SUB   AL, 'A'–07H   D. ADD   AL, 'A'–07H

40. 中断处理过程的先后顺序排列正确的是（   ）。
　① 开中断　　　　　　　　② 关中断　　　　　　③ 恢复现场
　④ 执行中断服务程序　　　⑤ 中断返回　　　　　　⑥ 保护现场
　A. ②④⑥③⑤①   B. ⑤⑥④①②③
　C. ⑥①④②③⑤   D. ⑥④①②⑤③

41. Windows 2000 是基于下列（   ）版本的 Windows 操作系统发展而来的。
　A. Windows 98   B. Windows Me
　C. Windows XP   D. Windows NT

42. 下表是 PC 机中使用的一部分内存条的主要技术参数

内存类型	名称	总线宽度	存储器总线时钟	有效时钟
双通道 RDRAM	PC1060	2×2 Bytes	533MHz	1066MHz
SDRAM	PC133	8 Bytes	133MHz	133MHz
DDR SDRAM	PC266	8 Bytes	133MHz	266MHz
DDR SDRAM	PC200	8 Bytes	100MHz	200MHz

　这四种内存条中数据传输率最高的是（   ）。
　A. PC1060   B. PC133   C. PC266   D. PC200

43. 以 80486 为 CPU 的 PC 机，其系统总线至少应采用（   ）。
　A. EISA 总线   B. S-100 总线   C. ISA 总线   D. PC-XT 总线

44. 执行下面的程序段
```
SSEG    SEGMENT
            DW     128  DUP(0)
TOP     LABEL     WORD
SSEG    ENDS
            ⋮
MOV   AX, SSEG
MOV   SS, AX
```

```
LEA    SP, TOP
```
堆栈指针 SP 寄存器的内容应该是（　　）。

    A．80H   B．81H   C．100H   D．102H

45．下面关于 PC 并行接口的叙述中，错误的是（　　）。

    A．PC 并行接口有 8 条数据线

    B．PC 并行接口的信号通过简单的无源电缆线传送时，可以达到 RS-232 标准的传输
       距离

    C．PC 并行接口的标准是 IEEE1284

    D．PC 并行接口一般作为并行打印机接口

46．串行通信中，若收发双方的动作由一个时序信号控制，则称为（　　）串行通信。

    A．全双工   B．半双工   C．同步   D．异步

47．主板是 PC 机的核心部件，在自己组装 PC 机时可以单独选购。下面关于目前 PC 机主板
的叙述中，错误的是（　　）。

    A．主板上通常包含微处理器插座（或插槽）和芯片组

    B．主板上通常包含存储器（内存条）插座和 ROM　BIOS

    C．主板上通常包含 PCI 和 AGP 插槽

    D．主板上通常包含 IDE 插座及与之相连的光驱

48．在用扫描仪进行图像扫描前，可以设置一些参数来调整图像的质量和文件大小。下面给
出一些可能的设置：

    Ⅰ．文件类型   Ⅱ．分辨率   Ⅲ．颜色数目   Ⅳ．扫描范围

    上述（　　）设置会影响图像文件数据量的大小。

    A．仅Ⅰ和Ⅱ   B．仅Ⅰ和Ⅲ   C．仅Ⅱ和Ⅳ   D．全部

49．主存与辅存的区别不包括（　　）。

    A．是否按字节或字编址   B．能否长期保存信息

    C．能否运行程序   D．能否由 CPU 直接访问

50．下面是关于 PC 机中 AGP 总线的叙述，其中错误的是（　　）。

    A．AGP 的 1×模式、2×模式和 4×模式的基本时钟频率（基频）均为 66.66 MHz（简
       写为 66MHz）

    B．AGP 的 1×模式每个周期完成 1 次数据传送，2×模式每个周期完成 2 次数据传送，
       4×模式每个周期完成 4 次数据传送

    C．AGP 的 1×模式的数据线为 32 位，2×模式的数据线为 64 位，4×模式的数据线为
       128 位

    D．AGP 图形卡可直接对系统 RAM 进行存取操作

51. 关于 SRS 技术说法不正确的是（　　）。

A. 采用 SRS 技术产生的 3D 环绕声环境约束

B. 声卡和音箱都可采用 SRS 技术

C. 它要对立体声的反射、折射、回声等信号进行提取

D. 这种技术给人的 3D 效果实际上是一种错觉

52. 已知中断类型号为 14H，它的中断向量存放在存储器的向量单元（　　）中。

A. 00050H，00052H，00052H，00053H

B. 00056H，00057H，00056H，00059H

C. 0000：0056H，0000：0057H，0000：0058H，0000：0059H

D. 0000：0055H，0000：0056H，00000057H，0000：0058H，0000：0059H

53. 串操作指令中，有 REPNZ 前缀的指令结束的条件是（　　）。

A. ZF＝0 且 CX＝0　　　　　　　　B. ZF＝1 且 CX≠0

C. CX＝0 且 ZF＝1　　　　　　　　D. CX≠0 且 ZF＝0

54. 打印机种类有很多，它们各自用在不同的应用场合。下面是有关打印机的选型方案，其中比较合理的方案是（　　）。

A. 政府办公部门使用针式打印机，银行柜面使用激光打印机

B. 政府办公部门和银行柜面都使用激光打印机

C. 政府办公部门使用激光打印机，银行柜面使用针式打印机

D. 政府办公部门和银行柜面都使用针式打印机

55. 文件系统的主要目的是（　　）。

A. 实现虚拟存储管理　　　　　　　B. 用于存储系统文档

C. 提高存储空间的利用率　　　　　D. 实现目录检索

56. MOV AX，ES：[BX][SI] 的源操作数的物理地址是（　　）。

A. 16d×（DS）＋（BX）＋（SI）　　　B. 16d×（ES）＋（BX）＋（SI）

C. 16d×（SS）＋（BX）＋（SI）　　　D. 16d×（CS）＋（BX）＋（SI）

57. ADSL 是一种宽带接入技术，通过在线路两端加装 ADSL 设备（专用 Modem）即可实现家庭 PC 机用户的高速连网。下面是有关 ADSL 的叙述：

Ⅰ. 它是一种非对称的传输模式，数据上传和下载速度不一致，上传速度比下载速度快

Ⅱ. 它像普通电话 Modem 一样需要进行拨号才能上网

Ⅲ. 利用它上网时还可以打电话

Ⅳ. 它利用普通铜质电话线作为传输介质，成本较低

上述叙述中，（　　）是正确的。

A. Ⅰ和Ⅱ　　　　　　B. Ⅰ和Ⅳ　　　　　　C. Ⅱ和Ⅲ　　　　　　D. Ⅲ和Ⅳ

58. 存储字长是指（　　　）。

　　A．存放一个存储单元中的二进制代码组合

　　B．存放在一个存储单元中的二进制代码个数

　　C．存储单元的个数

　　D．寄存器的位数

59. 下面关于 PC 使用的 DRAM 内存条的叙述中，错误的是（　　　）。

　　A．存储器总线时钟频率相同时，SDRAM 的数据传输率高于 DDR　SDRAM

　　B．SDRAM 内存条的数据线宽度与 DDR　SDRAM 内存条的数据线宽度相同

　　C．DDR2　SDRAM 是对 DDR　SDRAM 的改进

　　D．DDR2　667 的数据传输率高于 DDR2　533

60. PC 机鼠标是采用串行方法的输入设备，现行 PC 机鼠标与主机的连接接口大多采用（　　　）。

　　A．COM1 口　　　　　B．COM2 口　　　　　C．PS／2 口　　　　　D．Centronics 口

二、填空题

请将答案分别写在答题卡中序号为【1】至【20】的横线上，答在试卷上不得分。

1. 执行下面的程序段后，（AX）＝ 【1】。

```
ARRAY        DW 10 DUP（2）
             XOP     AX, AX
             MOV     CX, LENGTH    ARRAY
             MOV     SI, SIZE   ARRAY－TYPE   ARRAY
NEXT: ADD    AX, ARRAY［SI］
             SUB     SI, TYPE    ARRAY
             LOOP NEXT
```

2. 阅读下述程序，指出宏指令 ABC 的功能是 【2】。

```
1  ABC      MACRO   X1, X2, X3
2  LOCAL    CONT
3           PUSH    AX
4           MOV     AX, X1
5           SUB     AX, X2
6           CMP     AX,    0
7           JGE     CONT
8           NEG     AX
9  CONT:    MOV     X3,    AX
10          POP     AX
```

```
11   ENDM
12   DATA    SEGMENT
13   X       DW      32
14   Y       DW      98
15   Z       DW      ?
16   DATA    ENDS
17   CODE    SEGMENT
18           ASSUME    CS: CODE, DS: DTAT
19   BEGIN:  MOV     AX,         DATA
20           MOV     DS,         AX
21           ABC     X, Y, Z
22           MOV     AH,         4CH
23           INT     21H
24   CODE    ENDS
25   END BEGIN
```

3. Pentium4 微处理器的全局描述符表占用的内存空间最多是【3】。

4. 在目前流行的大多数奔腾机中，硬盘一般是通过硬盘接口电路连接到【4】总线上。

5. CPU 从主存取出一条指令并执行该指令的时间称为【5】，它通常用若干个机器周期来表示，而后者又包含有若干个时钟周期。

6. 8259A 操作命令字 OCW2 的一个作用是定义 8259A 的优先权工作方式。优先权工作方式有两种：一种是优先权固定方式，另一种是优先权【6】方式。

7. 默认情况下，作为虚拟内存的 Windows XP 页面文件位于 Windows 引导盘的根目录中，文件名为【7】。

8. 采用北桥/南桥结构形式的芯片组主要由北桥芯片和南桥芯片组成。南桥芯片负责管理 IDE 接口、USB 接口及 ISA 总线等。从总线层次结构来看，南桥是【8】总线与 ISA 总线之间的桥梁。

9. MP3 文件采用的数据压缩编码标准是【9】Layer 3。

10. 若分辨率为 256×192 的图像以 200% 的比例进行显示，则它在 1024×768 显示模式的屏幕上占屏幕面积大小的【10】分之一。

11. 对于乘法、除法指令，其目的操作数存放在【11】或 DX,AX 中，而其源操作数可以用除 64 以外的任一种寻址方式。

12. 现行 PC 机提供的串行接口 9 针连接器，所采用的接口标准是【12】。

13. 给定一个存放数据的内存单元的偏移地址是 20C0H，（DS）＝4000H，求出该单元的物理地址为【13】H。

14. DMA 控制器一次最多仅能传输 64KB 数据。为了能对 16MB 内存进行数据传输，需要增加一个形成页面地址的寄存器，如果定义 64KB 为 1 页，则存放页面地址的寄存器的位数是【14】位。

15. 在 Windows 9x/2000/XP 中，同一个文件存储在软盘上或硬盘上，它所占用的磁盘空间大小通常是【15】的。

16. PC 机中，8250 的基准工作时钟为 1.8432 MHz，当 8250 的通信波特率为 9600 时写入 8250 除数寄存器的除数为【16】。

17. 计算机网络的主要功能为硬件资源共享、【17】共享、用户之间的信息交换。

18. 数字摄像机所拍摄的数字视频及其伴音数据量很大，为了将音视频数据输入计算机，一般要求它与计算机的接口能达到每秒百兆位以上的数据传输率，所以目前数字摄像机大多采用【18】接口。

19. 如果 80×86 CPU 计算出的中断向量为 0001: 0018H，则中断控制器 8259 发出的中断类型码（十六进制）是【19】。

20. CD-ROM 光盘上的信息按照一个个扇区存储在一条由内向外的光道上。每个扇区有一个固定地址，以分、秒、【20】作为参数来标识。

第 14 套

一、选择题

下列各题 A、B、C、D 四个选项中，只有一个选项是正确的，请将正确选项涂写在答题卡相应位置上，答在试卷上不得分。

1. 奔腾微处理器是（   ）位芯片。
   A. 8   B. 16   C. 32   D. 64

2. 以下论述中正确的是（   ）。
   A. 在中断过程中，若有中断源提出中断，则 CPU 立即实现中断嵌套
   B. 在中断响应中，保护断点、保护现场应由用户编程完成。
   C. 在中断响应中，保护断点是由中断响应自动完成的
   D. 简单中断，中断是由其他部件完成，CPU 仍执行源程序。

3. 下列关于计算机发展的叙述中，错误的是（   ）。
   A. 目前计算机的运算和控制部件采用的是超大规模集成电路
   B. 计算机的功能越来越强，性价比越来越低
   C. 计算机与通信相结合，使其应用趋向网络化
   D. 虽然经过 50 多年的发展，但计算机仍然采用"存储程序"工作原理

4. 8086 系统若用 256K×1 动态存储器芯片可构成有效存储系统的最小容量是（   ）。
   A. 256K 字节   B. 512K 字节   C. 640K 字节   D. 1M 字节

5. 网络中的计算机安装了服务器软件之后，就可以实现（   ）。
   A. 使资源得到共享
   B. 使本地机成为文件服务器和打印服务器
   C. 监听本机上的 I/O 请求，并将请求重定位到相应的网络
   D. 让其他任何用户通过电话共享本机资源

6. 假定被检验的数据 $M(x)=1000$，其选择生成多项式为 $G(x)=x^3+x+1$，该数据的循环冗余校验码（CRC 码）应为（   ）。
   A. 1000110   B. 1000101   C. 1000111   D. 1000000

7. 在奔腾机中，图形加速卡应在（   ）总线上。
   A. ISA   B. EISA   C. PCI   D. MCA

8. 一台显示器工作在字符方式，每屏可以显示 80 列×25 行字符。至少需要的显示存储器 VRAM 的容量为（　　）。

    A．16KB　　　　　　　B．32KB　　　　　　　C．4KB　　　　　　　D．8KB

9. 在 Pentium 微处理器中，浮点数的格式采用 IEEE 745 标准。假设一个规格化的 32 位浮点数如下

        1　10000011　00101100000000000000000

    该数的十进制数值是（　　）。

    A．-2.75　　　　　　　B．-16.75　　　　　　C．-20.75　　　　　　D．-18.75

10. 若汇编语言源程序中段的定位类型设定为 PARA，则该程序目标代码在内存中的段起始地址应满足什么条件？（　　）

    A．可以从任一地址开始　　　　　　　　　B．必须是偶地址

    C．必须能被 16 整除　　　　　　　　　　D．必须能被 256 整除

11. 扫描仪是将图片、照片或文字等输入到计算机中的一种输入设备。下面是有关扫描仪的叙述：

    ①光学分辨率是扫描仪的一个重要性能指标

    ②所有扫描仪都能扫描照相底片等透明图件

    ③扫描仪的工作过程主要基于光电转换原理

    ④滚筒式扫描仪价格便宜、体积小，适合于家庭使用

    上述叙述（　　）是正确的。

    A．①、②和③　　　B．①和③　　　　C．②和③　　　　D．②和④

12. 外部中断由（　　）提出，并暂停现行程序，引出中断服务程序来执行。

    A．用户程序　　　　　B．操作系统　　　　C．编译系统　　　　D．硬件装置

13. 视频信息采用数字形式表示后有许多特点，下面的叙述中不正确的是（　　）。

    A．不易进行编辑处理　　　　　　　　　B．数据可以压缩

    C．信息复制不会失真　　　　　　　　　D．有利于传输和存储

14. Internet 使用 TCP/IP 协议实现了全球范围的计算机网络的互连，连接在 Internet 上的每一台主机都有一个 IP 地址，其中 C 类地址用于主机数目不超过 254 的网络。下面的 4 个 IP 地址中（　　）是 C 类 IP 地址。

    A．202.119.32.68　　B．25.10.35.48　　C．130.24.0.8　　D．27.254.62.1

15. 在下列 Windows XP 内置的支持多媒体功能的组件中，既支持二维与三维图像信息的处理，又支持音频和视频信息处理的是（　　）。

    A．GDI　　　　　　　B．OpenGL　　　　　C．VFW　　　　　　D．DirectX

16. CD 光盘存储器具有记录密度高、存储容量大、信息可长期保存等优点，是一种重要的计算机外存储器。下面关于 CD 光盘存储器的叙述中，错误的是（　　）。

    A．CD 盘片目前有大小两种规格

    B．CD-R 光盘存储器写入的信息不能修改，只能读出

    C．CD-RW 光盘存储器写入的信息可以修改

    D．CD-R 和 CD-RW 刻录的盘片，在 CD-ROM 驱动器中不能读出

17. 从（　　）微处理器开始，增加了虚拟 8086 存储器管理模式。

    A．80286   B．80386   C．80486   D．Pentium Pro

18. Windows 系列操作系统是目前 PC 机使用的主流操作系统之一。在下列有关 Windows 操作系统的叙述中，正确的是（　　）。

    A．Windows 95 是 Windows 系列操作系统的第一个版本（即最早版本）

    B．Windows NT 只能用于 PC 服务器，不能用于家用 PC 机

    C．Windows 2000 是 Windows 98 的后继版本，两者的核心部分（内核）完全相同

    D．Windows XP 专业版支持文件的压缩和加密

19. 在各种辅存中，除去（　　）外，大多是便于安装、卸载和携带的。

    A．软盘   B．CD-ROM   C．磁带   D．硬盘

20. 下面关于 PC 机主板芯片组的叙述中，错误的是（　　）。

    A．目前流行的芯片组大多采用南北桥结构形式，而不是中心结构（HuB）形式

    B．芯片组应包含中断控制器和 DMA 控制器的功能

    C．芯片组型号确定后，主板能配置的内存条的类型也随之确定

    D．芯片组型号确定后，主板能配置的最佳 CPU 型号也随之确定

21. 主存器采用（　　）方式。

    A．随机存取   B．顺序存取   C．半顺序存取   D．以上都不对

22. 下面（　　）文件不能被"Windows 媒体播放器"软件播放。

    A．.mid   B．.wav   C．.ppt   D．.mp3

23. 汇编语言的变量类型属性如下，其中错误的类型是（　　）。

    A．字节型   B．字型   C．字符型   D．双字型

24. 在矩阵式键盘结构中，为了能识别同时按下的多个按键，应该使用（　　）。

    A．动态扫描法   B．线路反向法

    C．静态扫描法   D．以上都不对

25. 假设（AL）＝0FFH，依次执行 ADD　AL, 12 和 AND　AL, 0FH 指令后，标志位 ZF 和

SF 的状态分别为（　　）。

    A. 0 和 0　　　　　　B. 0 和 1　　　　　　C. 1 和 0　　　　　　D. 1 和 1

26. 在下列 Windows XP 注册表的叙述中，错误的是（　　）。

    A. 注册表以一个隐藏的系统文件形式存储在 Windows 文件夹中

    B. 注册表的根键不能增加，也不能删除

    C. 在默认情况下，注册表编辑器只能通过命令启动

    D. 用户可以将注册表中的信息导出并保存在一个文件中

27. 视频信息采用数字形式表示有许多特点，下面的叙述中错误的是（　　）。

    A. 便于进行编辑处理　　　　　　　　　　B. 可以大幅度进行数据压缩

    C. 可以显著提高画面清晰度　　　　　　　D. 有利于传输和存储

28. 下面是关于 PC 机主板芯片组功能的叙述：

    Ⅰ. 提供对 CPU 的支持

    Ⅱ. 具有对主存的控制功能

    Ⅲ. 集成了中断控制器、定时器、DMA 控制器的功能

    Ⅳ. 具有对标准总线槽和标准接口连接器的控制功能

    其中，正确的是（　　）。

    A. 仅Ⅰ　　　　　　　　　　　　　　　　B. 仅Ⅰ和Ⅱ

    C. 仅Ⅰ、Ⅱ和Ⅲ　　　　　　　　　　　　D. Ⅰ、Ⅱ、Ⅲ和Ⅳ

29. 从扬声器的发声原理及音箱外形可将音箱分为传统音箱和平板音箱，两者相比，下列关于传统音箱的说法中不正确的是（　　）。

    A. 传统音箱采用活塞式振动方式　　　　　B. 声音效果与听者位置有很大关系

    C. 音频效果差　　　　　　　　　　　　　D. 振动点只有一个

30. 在保护模式下处理中断时，提供 Pentium 微处理器中断服务程序段基址的是（　　）。

    A. 中断描述符　　　　B. 段描述符　　　　C. TSS 描述符　　　　D. CS 寄存器

31. 下面关于 ROM、RAM 的叙述中，正确的是（　　）。

    A. ROM 在系统工作时既能读也能写

    B. ROM 芯片掉电后，存放在芯片中的内容会丢失

    C. RAM 是随机存取的存储器

    D. RAM 芯片掉电后，存放在芯片中的内容不会丢失

32. 一个有 16 个字的数据区，起始地址为 61D0: CCF5，则这个数据区末字单元的物理地址是（　　）。

    A. 6EAF5H　　　　　　B. 6EA15H　　　　　　C. 6EA14H　　　　　　D. 6E7F8H

33. 下面是关于 Pentium 微处理器实地址模式和虚拟 8086 模式的描述,其中错误的是:( )。
   A. 这两种模式总是具有相同的物理地址空间
   B. 在这两种模式下都可以运行 16 位应用程序
   C. 虚拟 8086 模式具有保护机制,而实地址模式下无此功能
   D. 虚拟 8086 模式下的程序在最低特权级 3 级上运行,而实地址模式下运行的程序不分特权级

34. 下面关于 RS-232 标准的叙述中,错误的是( )。
   A. PC 机串行接口的电气规范与 USB 标准的电气规范一致
   B. RS-232 标准采用负逻辑,即逻辑 1 电平为-5 V~-15 V;逻辑 0 电平为+5 V~+15 V
   C. RS-232 标准的逻辑电平与 TTL/CMOS 逻辑电平不兼容
   D. 数据终端设备 DTE 和数据通信设备 DCE 采用 RS-232 标准时,它们的引脚具有相同的名称,但同名引脚的信号流向相反

35. 当 CPU 通过 8251A 与调制解调器相连时,其中信号 DSR 表示调制解调器是否准备好,CPU 是通过( )方式获取 DSR 的值。
   A. DSR 信号直接送到 CPU
   B. 当 DSR 信号有效时,8251A 向 CPU 发中断请求
   C. CPU 读 8251A 的状态寄存器
   D. CPU 无法知道 DSR 信号的状态

36. 微机与 I / O 设备间的数据传送常见有程序方式、中断方式和 DMA 方式三种。其中( )传送过程中无需 CPU 参与。
   A. DMA 方式   B. 中断方式   C. 程序方式   D. 不存在

37. 使用 Pentium/120 的 PC 机,其 CPU 输入时钟频率为( )。
   A. 30MHz   B. 60MHz   C. 120MHz   D. 240MHz

38. 计算机的外围设备是指( )。
   A. 输入 / 输出设备   B. 外存设备
   C. 远程通信设备   D. 除了 CPU 和内存以外的其他设备

39. 下面关于 8237 可编程 DMA 控制器的叙述中,错误的是( )。
   A. 8237 中 4 个通道的方式寄存器共用一个端口地址
   B. 8237 每个通道在每次 DMA 传输后,其当前字节计数器的值可通过编程设置成自动加 1 或减 1
   C. 8237 每个通道有单字节传送方式、数据块传送方式、请求传送方式和级联传输方式
   D. 8237 在固定优先级情况下,DREQ0 优先级最高,DREQ3 优先级最低

40. 按汇编语言的语义规定,下列标识符的定义中正确的是( )。

	A. AX	B. HAO	C. LOOP	D. 5HAO

41. 下面是关于 PC 机中 Cache 的叙述，其中错误的是（　　）。
    A. Cache 技术利用 SRAM 的高速特性和 DRAM 的低成本特性，达到既降低成本又提高系统性能的目的
    B. CPU 访问 Cache 命中时，能在零等待状态下完成数据的读写，不必插入等待周期
    C. CPU 访问 Cache 未命中时，信息需从 DRAM 传送到 CPU，这时需要插入等待周期
    D. 尽管 L2 Cache 的工作频率越来越高，但不可能等于 CPU 的工作频率

42. 假设（SP）＝1000H，（BX）＝2000H，执行 CALL　BX 指令后，SP 中的内容为（　　）。
    A. 1000H　　　　　B. 0FFEH　　　　　C. 2000H　　　　　D. 1FFEH

43. 模拟声音数字化存放是通过采样和量化实现的，若采样频率为 44.1kHz，每样本 16 位，存放一分钟双声道的声音约占（　　）M 字节存储空间。
    A. 10　　　　　　　B. 7.5　　　　　　C. 32　　　　　　D. 256

44. 若连接两个汇编语言目标程序时，其数据段段名相同，组合类型为 PUBLIC，定位类型为 PAPA，连接后第一个目标程序数据段的起始物理地址是 00000H，长度为 1376H，则第二个目标程序数据段的起始物理地址是（　　）。
    A. 01377H　　　　　B. 01378H　　　　　C. 01380H　　　　　D. 01400H

45. 一个转速为 7200r/m 的硬盘，其平均寻道时间为 8ms，则其平均访问时间约为多少？（　　）
    A. 12.17ms　　　　　B. 16.33ms　　　　　C. 24.33ms　　　　　D. 32.66ms

46. 目前我国微机上汉字内部码采用的是（　　）。
    A. 用最高位置 1 的标识方法　　　　　B. 用专用图形字符标识汉字的方法
    C. 用首尾标识符标识汉字的方法　　　　　D. 字母数字的组合标识方法

47. 串行通信中，若收发双方的动作由同一个时序信号控制，则称为（　　）串行通信。
    A. 全双共　　　　　B. 半双共　　　　　C. 同步　　　　　D. 异步

48. 在 Windows 98/XP 环境下，（　　）不可能启动 Internet Explorer。
    A. 在"Windows 资源管理器"中的地址栏目输入网址
    B. 在"我的电脑"的地址栏中输入网址
    C. 在"运行"对话框中输入网址
    D. 在"控制面板"窗口中双击 Internet 图标

49. 在异步通信时，完整的一帧信息一般包括四个部分，传送过程中它们的正确顺序是（　　）。
    A. 停止位、起始位、数据位、校验位　　　　　B. 起始位、数据位、校验位、停止位
    C. 数据位、校验位、停止位、起始位　　　　　D. 起始位、数据位、停止位、校验位

50. 在 Windows 98/XP 环境下可以安装"Microsoft 网络用户"和"NetWare 网络用户"客户机软件。在使用"NetWare 网络用户"时，需要与（　　）协议进行绑定。
   A. NetBEUI　　　　　B. TCP/IP　　　　　C. IPX/SPX　　　　　D. DLC

51. 若有 BUF DW 1, 2, 3, 4, 则可将数据 02H 取到 AL 寄存器中的指令是（　　）。
   A. MOV AL, BYTE PTR [BUF+1]　　　B. MOV AL, BYTE PTR [BUF+2]
   C. MOV AL, BYTE PTR [BUF+3]　　　D. MOV AL, BUF [2]

52. 当 PC 的串行口（COM 口）采用奇校验一次发送 8 个数据位时，若从串行口的 TxD 引脚测到如下图所示的波形：

   (1)　(2)　(3)　(4)　(5)　(6)　(7)　(8)　(9)　(10)　(11)

   则其起始位、校验位和停止位的序号分别为上图中的（　　）。
   A. (11)、(1)和(2)　　　　　　　　B. (1)、(11)和(10)
   C. (1)、(10)和(11)　　　　　　　　D. (11)、(2)和(1)

53. 关于运算器在执行两个用补码表示的整数加法，下面判断是否溢出的规则中（　　）是正确的。
   A. 两个整数相加，若最高位（符号位）有进位，则一定发生溢出
   B. 两个整数相加，若结果的符号位为 0，则一定发生溢出
   C. 两个整数相加，若结果的符号位为 1，则一定发生溢出
   D. 两个同号的整数相加，若结果的符号位与加数的符号位相反，则一定发生溢出

54. 下面关于 8250 的叙述中，错误的是（　　）。
   A. 8250 内部的波特率发生控制电路由波特率发生器、存放分频系数低位和高位字节的除数寄存器组成
   B. 8250 有接收数据错中断等 4 个中断源，但仅能向外发出一个总的中断请求信号
   C. 8250 内部的调制解调控制电路用于提供一组通用的控制信号，使 8250 可直接与调制解调器相连，以完成远程通信任务
   D. 8250 是一个通用同步接收/发送器

55. 声卡的主要功能是控制声音的输入和输出，包括波形声音的获取、重建和播放，以及 MIDI 的输入、合成和播放等。下面是有关声卡的叙述：
   Ⅰ. 波形声音的质量仅与采样频率有关
   Ⅱ. MIDI 声音的质量取决于采用的声道数
   Ⅲ. 波形声音的获取和重建是两个互逆的过程，也就是数字声音和模拟声音信号互相转换的过程
   Ⅳ. PCI 声卡的性能比 ISA 声卡的性能高
   上述叙述中，（　　）是正确的。
   A. Ⅰ和Ⅱ　　　　　B. Ⅰ和Ⅲ　　　　　C. Ⅱ和Ⅲ　　　　　D. Ⅲ和Ⅳ

56. 在一段汇编程序中多次调用另一段程序，用宏指令比用子程序实现（　　）。
    A. 占内存空间小，但速度慢　　　　　　　B. 占内存空间大，但速度快
    C. 占内存空间相同，速度快　　　　　　　D. 占内存空间相同，速度慢

57. 在下列有关 Windows98/XP 存储管理功能的叙述中，错误的是（　　）。
    A. 存储管理的任务包括内存的分配和回收，但不包括内存的共享和保护
    B. 系统采用的内存页交换算法是"最近最少使用"（LRU）算法
    C. 运行在处理器 0 环的系统内核部分不会因为内存不足而被从物理内存中交换出来
    D. 所有的 Win16 应用程序共享同一个 4GB 地址空间

58. 约定在字符编码的传送中采用偶校验，若接收到代码 11010010，则表明传送中（　　）。
    A. 未出现错误　　　　　　　　　　　　　B. 出现奇数位错
    C. 出现偶数位错　　　　　　　　　　　　D. 最高位出错

59. 若内存每个存储单元为 16 位，则（　　）。
    A. 其地址线也为 16 位　　　　　　　　　B. 其地址线与 16 无关
    C. 其地址线与 16 有关　　　　　　　　　D. 以上都不对

60. 在"先工作后判断"的循环结构中，循环体执行的次数最少是（　　）次。
    A. 1　　　　　　　B. 2　　　　　　　C. 0　　　　　　　D. 不定

二、填空题

请将答案分别写在答题卡中序号为【1】至【20】的横线上，答在试卷上不得分。

1. 某计算机主频为 8MHz，每个机器周期平均 2 个时钟周期，每条指令平均有 2.5 个机器周期，则该机器的平均指令执行速度为　【1】　MIPS。

2. MIPS 是衡量 CPU 运算速度的一种单位，它表示平均每秒可执行【2】条定点指令。

3. 下列指令后，（AL）=【3】，（DX）=3412H。
    STR1 LABEL WORD
    STR2 DB 12H
    DB 34H
    MOV AL，STR2
    MOV　DX，STR1

4. CPU 向存储器读入一个操作数时，"传送数据"是在一个基本的总线周期内的第【4】个时钟周期。

5. Pentium 微处理器的中断描述符占用的内存空间是【5】KB。

6. 设有一个 64 键的键盘，如果采用线性键盘结构，至少需要【6】个端口；如果采用矩阵键盘结构，至少需要 2 个端口。设每个端口为 8 位。

7. 8086 CPU 执行一条指令需要几个时钟周期，Pentium CPU 由于采用了【7】技术，在一个时钟周期中可以执行两条指令。

8. PC 机的串行通信接口（COM1、COM2）采用异步通信。异步通信的一帧信息包括起始位、数据位、奇偶校验位（可选）和【8】。

9. 软盘存储器由软盘片、【9】和软盘适配器 3 部分组成。目前 PC 主要使用 3.5 英寸（1.44MB）和 5.25 英寸（低密 360KB，高密 1.2MB）两种。每个磁道又分为若干个段（段又叫扇区）。

10. 已知语句 MOV AX，BX，其机器码为【10】。

11. 根据数据存储机理的不同，RAM 芯片可分为 DRAM 和 SRAM 两大类。PC 机内存条上的 RAM 芯片属于【11】。

12. Intel 80x86 CPU 可以访问的 I/O 空间共有【12】KB。

13. CPU 从 I／O 接口的【13】中获取外部设备的"准备好"、"忙"或"闲"等状态信息。

14. 设存储器的地址线有 16 条，基本存储单元为字节，若采用 2K×4 位芯片，按全译码方法组成按字节编址的存储器，当该存储器被扩充成最大容量时，需要此种存储器芯片的数量是【14】片。

15. 8086 CPU 内部结构按功能分为两部分：执行部件 EU 和【15】。

16. 按照 Pentium 微处理器的存储器分页管理机制，线性地址 00C0FFFCH 的页表基地址是【16】。

17. 采用文件分配表（FAT）进行磁盘空间的管理，这一类文件系统统称为 FAT 文件系统。FAT 文件系统通过多年的应用和发展，形成了 3 种 FAT 文件系统，即 FAT12、FAT16、与【17】。

18. Pentium 微处理器的运算器中，不仅包含整数运算部件，而且还包含【18】运算部件。

19. 经过数字化处理之后的数字波形声音，其主要参数有：取样频率、【19】、声道数目、码率，以及采用的压缩编码方法等。

20. Windows 操作系统的发展已有 20 年的历史。早期版本的 Windows 必须以 MS-DOS 为基础才能工作，直到【20】才成为一个独立的操作系统。

第 15 套

一、选择题

下列各题 A、B、C、D 四个选项中，只有一个选项是正确的，请将正确选项涂写在答题卡相应位置上，答在试卷上不得分。

1. 关于文件分配表的描述，错误的是（　　）。
   A. 记录磁盘空间分配情况
   B. 记录文件名、起始簇号、属性
   C. 包括三方面内容：所有未分配的簇、已分配的簇和不能分配的簇
   D. 为每个簇安排一个表项，其中登记用于表示该簇是"使用""空闲"或"坏"的信息

2. 在 80x86CPU 的引脚中，用来连接硬中断信号的引脚有（　　）个。
   A. 1 个　　　　　　　　B. 2 个　　　　　　　　C. 8 个　　　　　　　　D. 15 个

3. DVD-ROM 的速度计算方法与 CD-ROM 不同，前者的速度单位（速度基准）是后者的 9 倍，所以 DVD-ROM 的一倍速应为（　　）。
   A. 600KB／s　　　　B. 900KB／s　　　　C. 1350KB／s　　　　D. 2250KB／s

4. 下列不正确的叙述是（　　）。
   A. 进程是程序的多次执行过程
   B. 进程可以向系统提出资源申请
   C. 多个程序段可以共同执行
   D. 进程可以按照各自独立的、不可预知的速度向前推进

5. 若某个整数的二进制补码与原码相同，则该数一定（　　）。
   A. 小于 0　　　　　　B. 大于 0　　　　　　C. 等于 0　　　　　　D. 大于等于 0

6. 当 RESET 信号位高电平时，虚拟空间为（　　）。
   A. CS　　　　　　　　B. ES　　　　　　　　C. IP　　　　　　　　D. BP

7. 在机器中为了达到中西文兼容的目的，为区分汉字与 ASCII 码，规定汉字机内编码的最高位为（　　）。
   A. 1　　　　　　　　　B. 2　　　　　　　　　C. 3　　　　　　　　　D. 4

8. 下面是有关超文本的叙述，其中错误的是（　　）。

A. 超文本节点可以是文字，也可以是图形、图像、声音等信息

B. 超文本节点之间通过指针链接

C. 超文本节点之间的关系是线性的

D. 超文本的节点可以分布在互联网上不同的 WWW 服务器中

9. 主板是 PC 机的核心部件，在自己组装 PC 机时可以单独选购。下面关于目前 PC 机主板的叙述中，错误的是（   ）。

A. 主板上通常包含微处理器插座（或插槽）和芯片组

B. 主板上通常包含存储器（内存条）插座和 ROM BIOS

C. 主板上通常包含 PCI 和 AGP 插槽

D. 主板上通常包含 IDE 插座及与之相连的光驱

10. 若某个整数的二进制补码和原码相同，则该数一定（   ）。

A. 大于 0   B. 小于 0   C. 等于 0   D. 大于或等于 0

11. Pentium 微处理器的段寄存器有（   ）。

A. 16 位   B. 32 位   C. 48 位   D. 64 位

12. 以下叙述中，错误的是（   ）。

A. 计算机的速度不完全取决于主频

B. 计算机的速度与主频、机器周期内平均含时间周期数和平均指令周期以及平均机器周期等相关

C. 计算机的速度完全取决于主频

D. 以上说法均不正确

13. 下面是关于 Pentium 系列微处理器的叙述：

① Pentium 系列微处理器的外部数据总线是 64 位

② Pentium 系列微处理器有 64K 个 UO 端口

③ Pentium 是一种 64 位的微处理器

④ Pentium 是一种超标量结构的微处理器

下面（   ）是正确的。

A. ①、②和③   B. ①、②和④   C. ③和④   D. ①和③

14. 若计算机系统有五级中断，预先安排的优先级从高到低为 1→2→3→4→5。在操作过程中利用屏蔽技术，处理中断 4 时屏蔽 3，5 级中断，则在响应中断时从高到低的顺序是（   ）。

A. 1→2→3→4→5   B. 1→2→4→3→5

C. 1→2→3→5→4   D. 1→4→2→3→5

15. 假设某汇编语言源程序的代码段的段名是 CSEG，启动地址为 START，下面可用来预置

CS 寄存器的语句是（　　　）。

A．ASSUME CS: CSEG
B．END START
C．MOV CS，CSEG
D．MOV AX，CSEG 和 MOV CS，AX

16．若要完成（AX）×7/2 运算，则在下列 4 条指令之后添加（　　　）指令。

MOV BX，AX

MOV CL，3

SAL AX，CL

SUB AX，BX

_____

A．ROR AX，1
B．SAL AX，1
C．SAR AX，1
D．DIV AX，2

17．键盘是 PC 机最基本的输入设备。下面是有关 PC 机键盘的叙述：

Ⅰ．所有 PC 机键盘的布局和按键个数都相同

Ⅱ．PC 机键盘的代码生成由键盘和 BIOS 共同完成，BIOS 主要负责把按键的位置码转换为 ASCII 码

Ⅲ．PC 机键盘上各个功能键的功能完全由 BIOS 决定，与操作系统和应用程序无关

Ⅳ．台式 PC 机键盘与主机的接口有 AT 接口、PS/2 接口和 USB 接口

上述叙述中，（　　　）是正确的。

A．Ⅰ和Ⅱ
B．Ⅰ和Ⅳ
C．Ⅱ和Ⅲ
D．Ⅱ和Ⅳ

18．已知（SP）=1310H，执行 IRET 指令后（SP）为（　　　）。

A．1304H
B．1314H
C．1312H
D．1316H

19．当前奔腾（Pentium）微处理器的工作主频率通常为（　　　）。

A．10.5MHz
B．35MHz
C．333MHz
D．1000MHz

20．在 VGA 显示器与显示适配器的接口中包含的视频信号有（　　　）。

A．RED 信号
B．+5V 电压
C．−5V 电压
D．亮度 1

21．在下列有关计算机系统安全与病毒防护的叙述中，错误的是（　　　）。

A．目前对计算机系统安全最主要的威胁是"黑客"入侵和计算机病毒

B．特洛伊木马程序同病毒和蠕虫一样，通常也进行自我传播、复制

C．Windows XP 内置防火墙软件，对"黑客"入侵有一定的防护作用

D．经常利用 Windows XP 内置的"自动更新"功能更新系统，有助于提高系统的安全性

22．下面是关于 PCI 总线的叙述，其中错误的是（　　　）。

A．PCI 支持即插即用功能

B. PCI 的地址线与数据线是复用的

C. PCI 总线是一个 16 位宽的总线

D. PCI 是一种独立于处理器的总线标准，可以支持多种处理器

23. 8086/8088 的标志寄存器中的状态标志有（   ）个。

    A. 4   B. 6   C. 7   D. 5

24. 8086 通过中断控制器最多可管理外部中断的个数为（   ）。

    A. 8 个   B. 64 个   C. 256 个   D. 不受限制

25. 下面关于 USB 接口的叙述中，错误的是（   ）。

    A. 主机不能通过 USB 接口向所连接的设备供电

    B. 使用 USB 接口的设备通常支持热插拔和即插即用

    C. 从外观上看，USB 连接器要比 PC 机并口连接器小巧

    D. USB 中数据传输是使用差分信号的方式来实现的

26. 串操作指令中，有 REP 前缀的串操作指令结束的条件是（   ）。

    A. ZF＝1   B. ZF＝0   C. CX＞0   D. CX＝0

27. 在 Windows 98 环境下，Win32 应用程序的 4GB 的地址可以划分为四个部分。其中，私有地址空间范围是（   ）。

    A. 0MB~4MB   B. 4MB~2GB   C. 2GB~3GB   D. 3GB~4GB

28. 磁盘存储器中，磁盘驱动器与计算机在单位时间内交换的二进制位数称为（   ）。

    A. 记录密度   B. 数据传输率   C. 存储容量   D. 平均寻址时间

29. 执行（   ）指令后，就能用条件转移指令判断 AL 和 BL 寄存器中的最高位是否相同。

    A. TEST AL，BL   B. CMP AL，BL

    C. AND AL，BL   D. XOR AL，BL

30. 微软公司开发了一种音视频流媒体文件格式，其视频部分采用了 MPEG-4 压缩算法，音频部分采用了压缩格式 WMA，且能依靠多种协议在不同网络环境下支持数据的传送。这种流媒体文件的扩展名是（   ）。

    A. ASF   B. WAV   C. GIF   D. MPEG

31. 数码相机是一种常用的图像输入设备。下面有关数码相机的叙述中，错误的是（   ）。

    A. 数码相机将影像聚集在成像芯片 CCD 或 CMOS 上

    B. 数码相机中 CCD 芯片的全部像素都用来成像

    C. 100 万像素的数码相机可拍摄 1024×768 分辨率的相片

    D. 在分辨率相同的情况下，数码相机的存储容量越大，可存储的数字相片越多

32. 执行返回指令，退回中断服务程序，这时返回地址来自（　　）。
    A. 堆栈区　　　　　　　　　　　　　　B. ROM 区
    C. 程序计数器　　　　　　　　　　　　D. CPU 的暂存寄存器

33. 下面是关于 SCSI（小型计算机标准接口）的叙述，其中错误的是（　　）。
    A. SCSI 总线上连接的设备，可以是启动设备，也可以是目标设备
    B. 一个 SCSI 适配器能通过 SCSI 总线连接多个外设
    C. 连接在 SCSI 总线上的外设可以相互通信，不会加重主机的负担
    D. SCSI 总线以串行方式传送数据

34. Pentium 微处理器在保护模式下，当段描述符中设定粒度 G=0，则段的大小最大可达到
    （　　）。
    A. 64KB　　　　　B. 1MB　　　　　C. 4MB　　　　　D. 4GB

35. 下列指令中，不合法的指令是（　　）。
    A. PUSH BL　　　　　　　　　　　　　B. INT 23H
    C. IN AX，03H　　　　　　　　　　　　D. ADC BX，[SI]

36. 被连接的汇编语言程序模块中，下面（　　）分段定义伪指令语句所使用组合类型是不
    可设为默认的。
    A. PUBLIC　　　　B. COMMON　　　　C. MEMORY　　　　D. STACK

37. 与 Pentium Ⅲ微处理器相比，（　　）指令是 Pentium4 微处理器新增加的。
    A. FP　　　　　　B. MMX　　　　　C. SSE　　　　　D. SSE2

38. 扫描仪是将图片、照片或文稿输入到计算机的一种设备。下面是有关扫描仪的叙述：
    Ⅰ. 平板式扫描仪是单色扫描仪，阴影区细节丰富、放大效果好
    Ⅱ. 有些扫描仪既能扫描照相底片等透明图件，也能扫描图纸等不透明图件
    Ⅲ. 胶片扫描仪是一种透射式扫描仪，主要扫描幻灯片和照相底片，光学分辨率很高，
    　　大多用于专业领域
    Ⅳ. 滚筒式扫描仪因其体积大、价格高、速度慢，目前已逐渐被淘汰
    上述叙述中，（　　）是正确的。
    A. Ⅰ、Ⅱ和Ⅲ　　B. Ⅰ和Ⅳ　　　　C. Ⅱ和Ⅲ　　　　D. Ⅱ和Ⅳ

39. 在 PC 机中，鼠标器是最常用的输入设备。下面有关鼠标器的叙述中，错误的是（　　）。
    A. 鼠标器最主要的技术指标是分辨率，用 dpi 表示
    B. 用户移动鼠标时，鼠标器将其在水平方向和垂直方向的位移量输入到 PC 机中
    C. 因为鼠标的位移信号是以串行方式被输入到 PC 机中的，所以鼠标器都采用标准串口
    　　COM1 或 COM2 与 PC 机相连
    D. 笔输入设备具有鼠标器的基本功能

40. 在下列不同版本的 Wndows 操作系统中，（　　　）版本可以支持两个对称多处理器。
    A. Wndows 98
    B. Windows NT WrkStation
    C. Windows 2000 Professional
    D. Windows XP Professional

41. 下面关于 PC 键盘的叙述中，错误的是（　　　）。
    A. 台式计算机键盘的按键数目现在已超过 100 个键，笔记本计算机受到体积的限制，按键数目要少一些
    B. 目前普遍使用的键盘按键都是电容式的，其优点是击键声音小，无触点，不存在磨损和接触不良问题
    C. PC 键盘向 PC 主机输入的是 8 位 ASCII 码
    D. 台式计算机键盘中往往包含有一个单片机，它负责键盘扫描、消除抖动、生成代码并进行并/串转换，然后将串行数据送往主机

42. 下列 80x86 指令系统的寻址方式中，存取操作数的速度（　　　）最快。
    A. 存储器直接寻址
    B. 寄存器寻址
    C. 寄存器间接寻址
    D. 寄存器相对寻址

43. 芯片组是构成主板控制电路的核心，从一定意义上说，它决定了主板的性能。下面是关于芯片组功能的叙述
    Ⅰ. 芯片组提供对 CPU 的支持
    Ⅱ. 芯片组提供对主存的控制
    Ⅲ. 芯片组提供中断控制、定时、DMA 控制等功能
    Ⅳ. 芯片组提供对标准总线槽和标准接口连接器的控制
    其中，正确的是（　　　）。
    A. 仅Ⅰ
    B. 仅Ⅰ和Ⅱ
    C. 仅Ⅰ、Ⅱ和Ⅲ
    D. 全部

44. 若某容量为 8K 字节的 RAM 起始地址为 2000H，则其终止地址为（　　　）。
    A. 21FFH
    B. 23FFH
    C. 27FFH
    D. 3FFFH

45. 以下属于过程控制设备的是（　　　）。
    A. OCR
    B. CRT
    C. D／A 转换
    D. MODEM

46. 随着计算机硬件的发展、用户需求的增加以及软件本身的不断改进，Windows 操作系统也不断推出新版本。在下列有关 Windows 操作系统的叙述中，错误的是（　　　）。
    A. Windows 95/98 是 16 位和 32 位应用程序均可支持的系统
    B. Windows 2000 分为多个不同的版本，以适应不同的应用需求
    C. Windows 98 SE 和 Windows Me 是 Windows 98 的改进版本，从内核和体系结构上看，并无大的变化
    D. Windows XP Professional 只能安装在 PC 服务器上，且只支持单 CPU 的服务器

47. PC 机中的视频卡用于视频信号的输入/输出。下面是有关视频卡功能的叙述：

    Ⅰ. 可从多个视频源（如摄像机、录像机、VCD/DVD 机）中选择一种输入

    Ⅱ. 具有声音输入/输出功能，能处理 MIDI 音乐

    Ⅲ. 一般只能支持一种电视制式

    Ⅳ. 可以和图形显示卡上的内容叠加显示

    以上叙述中，（　　）是正确的。

    A. 仅Ⅰ和Ⅲ　　　　　　　　　　　　B. 仅Ⅱ和Ⅲ

    C. 仅Ⅰ和Ⅳ　　　　　　　　　　　　D. 仅Ⅰ、Ⅲ和Ⅳ

48. NULL 指针分配的地址空间为（　　）。

    A. 16KB 以下　　　B. 4MB~2GB　　　C. 2GB~3GB　　　D. 3GB~4GB

49. 扫描仪可将图片或文字等输入到计算机。下面有关扫描仪的叙述中，错误的是（　　）。

    A. 扫描得到的图像清晰度通常与分辨率有关

    B. 目前主流扫描仪的色彩深度大多不少于 36 位

    C. 光电倍增管（PMT）的性能比电荷耦合器件(CCD)好，主要用于平板式扫描仪

    D. 扫描仪的接口类型有 USB 和 SCSI 等

50. Pentium 微处理器采用了超标量体系结构。Pentium 4 微处理器的指令流水线有几条？
（　　）。

    A. 1　　　　　　　B. 3　　　　　　　C. 5　　　　　　　D. 6

51. 对于以下程序段

    AGAIN: MOV ES: [DI], AL

           INC DI

           LOOP AGAIN

    可以用指令（　　）完成相同的功能。

    A. REP MVOSB　　　　　　　　　　　B. REP LODSB

    C. REP STOSB　　　　　　　　　　　D. REPE SCASB

52. 下列关于程序计数器（PC）的描述中，错误的是（　　）。

    A. 保存将要提取的下一条指令的地址

    B. 保存当前正在执行的下一条指令的地址

    C. 在程序执行时，CPU 将自动修改 PC 的内容

    D. 在程序开始执行前必须将它的起始地址送入 PC

53. 数码相机与传统光学相机的根本不同之处是它的成像原理不同，它使用的成像芯片可以
是（　　）。

    A. CCD　　　　　　　　　　　　　　B. CMOS

    C. CCD 或 CMOS　　　　　　　　　　D. Flash Memroy

54. 在 Windows 98/XP 系统中，交换文件用于实现虚拟内存。下列有关交换文件的叙述中，错误的是（　　　）。

  A．默认情况下，交换文件总是位于系统盘，但可以更改其位置

  B．默认情况下，交换文件具有"隐藏"文件属性

  C．交换文件的文件名可以由用户自己定义

  D．用户可以将交换文件的大小设定在一个合适的范围内

55. 在下列有关 Windows 98/XP 磁盘管理功能的叙述中，错误的是（　　　）。

  A．若一个硬盘仅作为一个逻辑盘使用，则硬盘中没有分区表及相关信息

  B．磁盘上的文件表（FAT）总是一式两份，以提高文件的安全性

  C．对于任一磁盘来说，无论是否为启动盘，均有引导扇区

  D．硬盘的分区表中包括每个分区的类型、容量大小、起始扇区位置等信息

56. 微型机读／写控制信号的作用是（　　　）。

  A．决定数据总线上的数据流方向

  B．控制存储器操作（读／写）的类型

  C．控制流入、流出存储器信息的方向

  D．以上的任一种作用

57. 对于以下程序段：

```
AGAIN:  MOV AL, [SI]
        MVO ES: [DI], AL
        INC SI
        INC DI
        LOOP AGAIN
```

  也可以用下列指令（　　　）完成同样的功能。

  A．REP MVOSB   B．REP LODSB

  C．REP STOSB   D．REPE SCASB

58. PC 机所使用的标准键盘向主机发送的代码是（　　　）。

  A．扫描码   B．ASCII 符   C．BCD 码   D．格雷码

59. 对于所有在线的辅助存储器来说，均可以在其"属性"对话框中查看其所采用的文件系统。在通常情况下，优盘（U 盘）所采用的文件系统是（　　　）。

  A．FAT   B．CDFS   C．NTFS   D．UDF

60. 下面关于 PC 机连网接入技术的叙述中，错误的是（　　　）。

  A．采用电话拨号接入时，由于用户终端与交换机之间传输的是模拟信号，所以必须安装 MODEM

  B．采用电话拨号接入时，目前数据传输速率已可达 1Mb/s

C. 采用 ADSL 接入时，为了能在一对铜质双绞线上得到三个信息通道，采用了相应的数字信号调制解调技术，因而必须安装特殊的 ADSL MODEM

D. 采用有线电视网接入方式时，它利用有线电视的某个频道通过对数字信号进行调制实现数据传输，因而必须安装 Cable MODEM

二、填空题

请将答案分别写在答题卡中序号为【1】至【20】的横线上，答在试卷上不得分。

1. 在 TCP/IP 网络中，用 finger 命令可以找出在网络中某台特定主机上【1】的各种信息。

2. CPU 的运算速度可以用 MFLOPS 来衡量，它表示平均每秒可执行百万次【2】运算指令。

3. 实现与 Internet 的连接通常有两种情况：一种通过电话线连接，一种是通过【3】连接 Internet。

4. 若定义 X DB 1，2，5 DUP（0，1，2 DUP（3）），则在 X 存储区内前 6 个单元的数据是【4】。

5. 在 Windows 98/XP 系统提供的可用于二维／三维图形处理的 API 组件中，通常用于 CAD／CAM 软件以及三维动画软件（如 Windows 98 的屏幕保护程序"三维管道"）的是【5】。

6. 目前绝大多数 PC 机及相关设备均支持"即插即用"技术，给用户使用 PC 机带来了极大的方便。"即插即用"的英文缩写为【6】。

7. 假设（AX）=73H，（DX）=85H，执行下列程序段后（AX）=【7】。

MOV　　AX，　DX
NOT　AX
ADD　　AX，　DX
INC　　AX

8. 8237A 有【8】个完全独立的 DMA 通道。

9. Pentium4 微处理器在分页方式下管理存储器时，页面的最大内存空间是【9】。

10. Pentium 微处理器在实模式下，最小的段只有【10】字节。

11. 相比较而言，Windows 98 和 Windows XP 是目前用户最多的 PC 操作系统。Windows XP 分为两个版本，即 Home Edition 版本和【11】版本。

12. 扫描仪与计算机的接口一般有三种，其中有一种是并行传输接口，它必须配有一块接口卡，通过该接口卡可以连接包括扫描仪在内的 7~15 个高速设备，其传输速度快，性能高，一般在专业应用场合使用。这种接口为【12】接口。

13. 为实现保护模式工作方式，80286 设置 3 个描述符表：全局描述符表 GDT、局部描述符表 LDT 和【13】。

14. 对于独占设备（如打印机、绘图仪等），操作系统可以采用【14】技术，把它们改造成为以顺序并发方式使用的共享设备。

15. 当前存储器按存储器件分有两类：一类是【15】，其存储操作既可读出，也可写入，使用灵活，但机器电源消失后，其中的信息也会丢失，这种存储器又区分为静态和动态两种；另一类称之为 ROM，其中存储的内容只能供反复读出，一般不能重新写入，机器断电后，其中信息仍然保留，不会改变。

16. 在奔腾计算机中，连接慢速外设接口卡的总线是【16】。

17. 下列程序的功能是用直接填入法将 60H 号类型中断服务程序 INT 60H 的入口地址填入中断向量表中，请填空：

```
MOV           AX, 0
MOV           EX, AX
MOV           BX, 60H*4
【17】
MOV           ES：WORD PTR [BX], AX
MOV AX, SEG   INT 60H
MOV           ES：WORD PTR [BX], AX
…
INT60H        PROC
…
IRET
INT60H        ENDP
```

18. PC 主板芯片组中的北桥芯片组除了提供对 CPU 的支持之外，还能对【18】和 Cache 进行管理和控制，支持 CPU 对它们的高速数据存取。

19. 对于 8259A 的中断请求寄存器 IRR，当某一个 IRi 端呈现【19】时，则表示该端有中断请求。

20. 若 PC 100 SDRAM 的数据传输率为 800MB/s，则 PC133 SDRAM 的数据传输率为【20】MB/s。

第16套

一、选择题

下列各题 A、B、C、D 四个选项中，只有一个选项是正确的，请将正确选项涂写在答题卡相应位置上，答在试卷上不得分。

1. 8086/8088 与外设进行数据交换时，经常会在（   ）后进入等待周期。
   A. T_1 B. T_2 C. T_3 D. T_4

2. 在存储系统中，（   ）存储器是高速缓冲存储器。
   A. ROM   B. PROM   C. EPROM   D. Cache

3. PC 机键盘是一种串行输入设备，现行 PC 机键盘与主机连接接口大多采用（   ）。
   A. COM1 口   B. COM2 口   C. PS／2 口   D. Centronics 口

4. 80386 及其以上微处理器在 80286 已有的保护模式基础上增加了（   ）。
   A. 虚拟 8087 模式   B. 虚拟 8086 模式
   C. 虚拟 8096 模式   D. 虚拟 8287 模式

5. 交换寄存器 SI、DI 的内容，正确的程序段是（   ）。
   A. PUSH SI   B. PUSH SI
   　　PUSH DI   　　PUSH DI
   　　POP SI   　　POP DI
   　　POP DI   　　POP SI
   C. MOV AX，SI   D. MOV AX，SI
   　　MOV SI，AX   　　MOV BX，DI
   　　MOV DI，BX   　　XCHG BX，AX

6. 为使所有进程都有执行机会，进程调度采用（   ）。
   A. 先进先出调度   B. 短执行进程优先调度
   C. 优先级调度   D. 轮转法

7. 除了 I/O 设备本身的性能外，影响计算机 I/O 数据传输速度的主要因素是（   ）。
   A. 系统总线的传输速率   B. 主存储器的容量
   C. Cache 存储器性能   D. CPU 的字长

8. 鼠标是一种输入设备，当用户移动鼠标时，向计算机中输入的信息是（　　）。
   A. 鼠标移动的距离
   B. 鼠标移动的角度
   C. 鼠标到达位置处的 x、y 坐标
   D. 鼠标在 x、y 方向的位移量

9. 下面的四条指令中，有（　　）指令执行后不会改变目的操作数。
   SUB AL，BL;　　　CMP AL，BL;
   AND AL，BL;　　　TEST AL，BL
   A. 1 条　　　　　B. 2 条　　　　　C. 3 条　　　　　D. 4 条

10. 下面程序段中，当满足条件转到 NEXT 标号执行时，AL 中的值正确的是（　　）。
    　　　　CMP AL，0FBH
    　　　　JNL NEXT
    NEXT:　…
    A. AL=80H　　　B. AL=8FH　　　C. AL=0F0H　　　D. AL=0FFH

11. 假设（DS）=1000H，（DI）=0500H，（10510H）=0FFH，（10511H）=00H，下列指令执行后使（AX）=0520H 的是（　　）。
    A. LEA AX，20［DI］
    B. MOV AX，OFFSET DI
    D. MOV AX，20［DI］
    D. LEA AX，［DI］

12. Intel 80486 DX 处理器与 Intel 80386 相比，内部增加了（　　）。
    A. 执行部件 EU 和总线接口部件 BIU
    B. 指令预取部件和指令译码部件
    C. 高速缓冲存储器 Cache 和浮点运算部件 FPU
    D. 分段部件和分页部件

13. 下面是关于目前 PC 机中 PCI 总线的叙述，其中正确的是（　　）。
    A. PCI 总线与 CPU 直接相连
    B. PCI 总线通过超级 I/O 芯片与 CPU 相连
    C. PCI 总线的地址与数据线是复用的
    D. PCI 总线不支持即插即用功能

14. 运算型指令的寻址和转移型指令的寻址，其不同点在于（　　）。
    A. 前者取操作数，后者决定程序的转移地址
    B. 后者取操作数，前者决定程序的转移地址
    C. 两者都是取操作数
    D. 两者都是决定程序的转移地址

15. 下面是关于 AGP 总线的叙述，其中错误的是（　　）。
    A. APG 1X 模式、2X 模式和 4X 模式的基本时钟频率（基频）均为 66MHz（实际为 66.66MHz）

B. APG 1X 模式每个周期完成 1 次数据传送，2X 模式每个周期完成 2 次数据传送，4X 模式每个周期完成 4 次数据传送

C. APG 1X 模式的数据线为 32 位，2X 模式的数据线为 64 位，4X 模式的数据线为 128 位

D. AGP 图形卡可以将系统主内存映射为 AGP 内存从而可以直接访问系统主存

16. 下图为常见 ROM 的分类图。

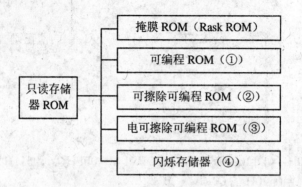

图中标出的①、②、③、④相应的英文缩写是（　　　）。

A. PROM、EPROM、EEPROM、Flash ROM

B. EPROM、EEPROM、PROM、Flash ROM

C. EEPROM、Flash ROM、PROM、EPROM

D. Flash ROM、PROM、EPROM、EEPROM

17. 数码相机与传统光学相机的根本不同之处是它的成像原理不同，它使用的成像芯片是（　　　）。

A. CCD　　　　　　B. CMOS　　　　　C. CCD 或 CMOS　　　D. flash memory

18. 在下列有关 Windows 98/XP 设备管理功能的叙述中，错误的是（　　　）。

A. 操作系统的设备管理功能是指对打印机、扫描仪等外接设备的管理，不包括对辅助存储器、显示卡等 PC 主机箱内接设备的管理

B. 系统采用假脱机（SPOOLing）技术将一些独占设备（如打印机、绘图仪等）改造成为以顺序并发方式使用的共享设备

C. 系统支持基于 WDM 模型的设备驱动程序，USB、IEEE1394 以及 ACPI 就是采用了 WDM 驱动程序

D. 利用系统提供的"设备管理器"可以查看各个设备的类型、生产商、设备状态，以及驱动程序信息和分配给该设备的系统资源信息等

19. 80386 微处理器的通用寄存器有（　　　）个。

A. 8　　　　　　　　B. 16　　　　　　　　C. 24　　　　　　　　D. 32

20. 硬盘平均等待时间是指（　　）。

    A. 数据所在的扇区转到磁头下的平均时间

    B. 移动磁头到数据所在磁道（柱面）所需要的平均时间

    C. 平均寻道时间和平均等待时间之和

    D. 平均访问时间的 1/2

21. 多个 Windows 应用程序之间可以方便地通过（　　）交换数据。

    A. 邮箱　　　　　　　B. 文本区　　　　　　C. 对话框　　　　　　D. 剪贴板

22. PC 机的软件分为系统软件和应用软件，（　　）属于应用软件。

    A. Microsoft Windows 2000　　　　　　B. Microsoft Visual C++ 6.0

    C. Microsoft Access　　　　　　　　　D. Microsoft Word

23. 下列关于 ADSL 特点的叙述中正确的是（　　）。

    A. ADSL 使用普通铜质电话线作为传输媒介

    B. 上网和打电话可以同时进行，互不干扰

    C. 用户一直处于连接状态无需拨号便可上网

    D. ADSL 的数据上传速度和数据下载速度一致

24. 多媒体技术的关键在于解决动态图像和声音的存储与传输问题，若不经压缩，以 VGA 640×480 点阵存储一幅 256 色的彩色图像大约需（　　）M 字节存储空间。

    A. 0.3　　　　　　　　B. 1.4　　　　　　　　C. 2.4　　　　　　　　D. 7.5

25. 在下列有关 Windows 98/XP 内置多媒体组件的叙述中，错误的是（　　）。

    A. 图形设备接口（GDI）的主要目标是为在显示器、打印机等图形设备上输出文本、图形、图像提供支持

    B. 媒体控制接口（MCI）为应用程序提供了一种方便的途径来控制各种多媒体设备，使得所有的操作都与特定的硬件无关

    C. OpenGL 是一种支持二维图形的程序库，它不支持三维图形

    D. VFW 是 Microsoft 开发的用于数字视频处理的软件包

26. Pentium 微处理器通常利用 INT 3 指令设置断点，从而为用户调试程序提供方便。这种设置断点的方法属于（　　）类型。

    A. 故障　　　　　　　B. 陷阱　　　　　　　C. 中止　　　　　　　D. 中断

27. 执行下列指令后，（CX）值为（　　）。

    TABLE　　　　　DW 10，20，30，40，50

    X　　　　　　　　DW 3

    　　　　　　　　　LEA BX，　TABLE

ADD BX，X
MOV CX，[BX]

    A．0030H   B．0003H   C．0020H   D．0040H

28．下面是有关 PC 键盘输入的叙述，错误的是（　　　）。

    A．PC 键盘按串行方式向主机输入信息

    B．从 PC 键盘输入主机的信息是按键的扫描码

    C．每按下一个按键，键盘接口电路就发出键盘中断请求信号

    D．内存 BIOS 数据区的键盘缓存中存放的仅是按键的扫描码

29．下面是关于 AGP1X 模式、2X 模式和 4X 模式的叙述，其中正确的是（　　　）。

    A．它们的基本时钟频率（基频）分别为 66.66MHz、2×66.66MHz 和 4×66.66MHz

    B．它们每个周期分别完成 1 次数据传送、2 次数据传送和 4 次数据传送

    C．它们的数据线分别为 32 位、64 位和 128 位

    D．它们的地址线分别为 16 位、32 位和 64 位

30．Pentium 机与 486DX 相比，其特点是（　　　）。

    A．内部数据总线 32 位   B．内部有高速缓冲存储器

    C．具有浮点处理功能   D．外部数据总线 64 位

31．PC 机中经常提到的"486/33"或"386/33"中的 33 表示（　　　）。

    A．总线周期   B．运算速度

    C．CPU 时钟频率   D．总线宽度

32．Pentium 主板上的 Cache 存储器的作用是（　　　）。

    A．提高软盘与主存间的传送速度

    B．提高 CPU 与外部设备间的传送速度

    C．提高硬盘与主存间的传送速度

    D．提高 CPU 与主存储器间的传送速度

33．下列关于 PC 机软件的叙述中，错误的是（　　　）。

    A．软件是计算机系统不可缺少的组成部分，它包括各种程序、数据和有关文档资料

    B．Windows 操作系统中的画图、计算器、游戏等是 Windows 的组成部分，它们都属于系统软件

    C．PC 机除了使用 Windows 操作系统外，还可使用 Linux 等操作系统

    D．C++语言编译器是一种系统软件，它需要操作系统的支持

34．芯片组是构成主板控制电路的核心，它在一定程度上决定了主板的性能和档次。下面是关于主板芯片组功能的叙述：

    Ⅰ．芯片组提供对 CPU 的支持

Ⅱ．芯片组提供对主存的管理

Ⅲ．芯片组提供中断控制器、定时器、DMA 控制器等的功能

Ⅳ．芯片组提供对标准总线槽和标准接口连接器的控制

其中，正确的是（　　）。

A．仅Ⅰ   B．仅Ⅰ和Ⅱ

C．仅Ⅰ、Ⅱ和Ⅲ   D．Ⅰ、Ⅱ、Ⅲ和Ⅳ

35. 有些文献以下式给总线数据传输速率下定义：

$Q = W \times F / N$

式中 Q 为总线数据传输率；W 为总线数据宽度（总线位宽／8）；F 为总线工作频率；N 为完成一次数据传送所需的总线时钟周期个数，当总线位宽为 16 位，总线工作频率为 8MHz，完成一次数据传送需 2 个总线时钟周期时，总线数据传输速率 Q 应为（　　）。

A．16Mb／s   B．8Mb／s   C．16MB／s   D．8MB／s

36. 执行 MOV AX，WDAT 指令时，要使 AX 寄存器中内容为 3412H，不能采用（　　）数据段定义。

A．DSEG   SEGMENT   B．DSEG   SEGMENT

 WDAT   EQU   WORD PTR BDAT   BDAT   DB 12H，34H

 BDAT   DB   12H，34H   WDAT   ＝   WORD PTR BDAT

 DSEG   ENDS   DSEG   ENDS

C．DSEG   SEGMENT   D．DSEG   SEGMENT

 WDAT   EQU   THIS WORD   BDAT   DB 12H，34H

 BDAT   DB   12H，34H   WDAT   LABEL WORD

 DSEG   ENDS   DSEG   ENDS

37. 对于掉电的处理，8086/8088 是通过（　　）来完成的。

A．软件中断   B．可屏蔽中断

C．非屏蔽中断   D．DMA

38. 下面有关显示器主要性能参数的叙述中，错误的是（　　）。

A．显示器的点距越小，像素密度就越大

B．17″显示器是指其显示屏对角线长度为 17 英寸

C．宽屏显示器分辨率在水平方向和垂直方向之比一般是 4:3

D．视频带宽与屏幕分辨率和垂直刷新率成正比

39. 计算机指令的集合称为（　　）。

A．机器语言   B．汇编语言   C．模拟语言   D．仿真语音

40. 一个高性能的微机系统为满足用户希望的编程空间大、存取速度快、成本低等要求，常

采用（　　）、主存、外存三级存储体系。

    A．内存　　　　　　　B．辅存　　　　　　　C．Cache　　　　　　　D．Flash Memory

41．"先工作后判断"的循环程序结构中，循环体执行的次数最少是（　　）次。

    A．1　　　　　　　　　B．0　　　　　　　　　C．2　　　　　　　　　D．不定

42．下列选项中允许用户监控各种系统资源的是（　　）。

    A．Net Watcher　　　　　　　　　　　　　　B．Freecell

    C．System Monitor　　　　　　　　　　　　D．Romote Registry Service

43．假定一个硬盘的转速为 10 000rpm，其平均寻道时间为 5ms，则平均访问时间约为
（　　）。

    A．8ms　　　　　　　　B．11ms　　　　　　　C．13ms　　　　　　　D．20ms

44．下面关于 ROM、RAM 的叙述中，正确的是（　　）。

    A．ROM 在系统工作时既能读也能写

    B．ROM 芯片掉电后，存放在芯片中的内容会丢失

    C．RAM 是随机存取的存储器

    D．RAM 芯片掉电后，存放在芯片中的内容不会丢失

45．Outlook Express 无法提供的服务有（　　）。

    A．邮件客户程序　　　　　　　　　　　　　B．新闻阅读程序

    C．建立编辑地址薄　　　　　　　　　　　　D．进行聊天

46．光盘存储器是一种重要的计算机外存储器。以下是有关 CD-ROM 光盘存储器的叙述，
其中错误的是（　　）。

    A．目前 PC 机所使用的光驱大多为 IDE（E-IDE）接口

    B．信息存储在光盘的一条由里向外的螺旋光道上

    C．CD-ROM 光盘的每个扇区标题信息域由扇区地址和模式字节两个部分组成

    D．所谓 48 倍速的光驱，是指其数据传输速率为 48MB/s

47．现行 PC 中，I/O 端口常用的 I/O 地址范围是（　　）。

    A．0000H～FFFFH　　　　　　　　　　　　B．0000H～30FFH

    C．0000H～3FFFH　　　　　　　　　　　　D．0000H～03FFH

48．声卡既包含数字电路也包含模拟电子电路，下面关于声卡组成的叙述中正确的是
（　　）。

    A．声卡主要由数字控制器和音频信号解码器（CODEC 芯片）两部分组成

    B．数字控制器负责进行声音信号的 D/A 和 A/D 转换

    C．CODEC 芯片用于进行数字声音信号处理

D. 集成声卡的上述电路均集成在主板芯片组中

49. 指令 ADD AX,[SI+54H] 中源操作数的寻址方式是（　　）。
A. 基址寻址
B. 变址寻址
C. 相对的变址寻址
D. 基址和变址寻址

50. Windows 98/XP 支持多种不同类型的文件系统，并可以安装第三方提供的文件系统。在 Windows 98/XP 环境下，DVD-ROM 采用的文件系统为（　　）。
A. FAT16
B. FAT32
C. UDF
D. CDFS

51. 有关 RS-232C 的技术，错误的说法是（　　）。
A. 可连接两台个人计算机，进行数据传输
B. 属于接口的硬件规范
C. 为并行传送
D. 属美国的 EIA 规范

52. 下面是有关 DRAM 和 SRAM 存储器芯片的叙述：
Ⅰ. DRAM 芯片的集成度比 SRAM 高
Ⅱ. DRAM 芯片的成本比 SRAM 高
Ⅲ. DRAM 芯片的速度比 SRAM 快
Ⅳ. DRAM 芯片工作时需要刷新，SRAM 芯片工作时不需刷新
通常情况下，（　　）叙述是错误的。
A. Ⅰ和Ⅱ
B. Ⅱ和Ⅲ
C. Ⅲ和Ⅳ
D. Ⅰ和Ⅳ

53. 在为 PC 机配置硬盘时，应该特别注意它的技术指标。下面是关于目前 PC 机主流硬盘技术指标的叙述：
Ⅰ. 容量大多为数十 GB 以上
Ⅱ. 转速大多为 5400r/m、7200r/m 或 10000r/m
Ⅲ. 平均访问时间大多在 50ms~100ms 之间
Ⅳ. 外部数据传输速率大多为几 MB/s
上面的叙述中，（　　）是正确的。
A. Ⅰ和Ⅱ
B. Ⅱ和Ⅲ
C. Ⅰ和Ⅳ
D. Ⅲ和Ⅳ

54. 一般操作系统具有的功能不包括（　　）。
A. 存储器管理
B. 外设管理
C. 数据库管理
D. CPU 管理

55. 当两片 8259A 工作在级联方式且优先级均固定不变时（如下图），通道 1、通道 3、通道 8 和通道 9 的中断请求信号按优先级从高到低排列的正确顺序是（　　）。

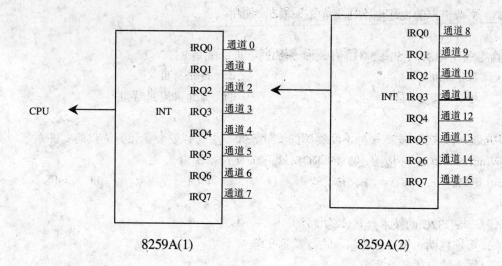

8259A(1)   8259A(2)

A. 通道 1、通道 3、通道 8、通道 9   B. 通道 1、通道 8、通道 3、通道 9
C. 通道 1、通道 8、通道 9、通道 3   D. 通道 8、通道 9、通道 1、通道 3

56. 有下列程序段

AGAIN: MOV ES:［DI］, AL
                INC DI
                LOOP AGAIN

下列指令中（   ）可完成与上述程序段相同的功能。
A. REP MOVSB   B. REP LODSB
C. REP STOSB   D. REPE SCASB

57. 在 80386 以上的微处理器指令系统中，以下指令的源操作数的寻址方式是（   ）。
MOV AX,[ARR+BX+DI]
A. 基址变址寻址   B. 相对基址变址寻址
C. 寄存器间接寻址   D. 寄存器相对寻址（变址寻址）

58. 现在许多家庭都通过 ADSL 接入 Internet。下列关于 ADSL 的叙述中，错误的是（   ）。
A. ADSL 利用普通电话线作为传输介质，可以边打电话边上网
B. 在通过 ADSL 接入互联网的 PC 中，必须有（集成的）以太网卡
C. 电话线必须连接到 ADSL MODEM，PC 才能接入 Internet
D. ADSL 的下行带宽比上行带宽低

59. 在使用 PCI 总线的微型计算机中，CPU 访问（读／写）主存储器通过下列（   ）进行。
A. ISA 总线（AT 总线）   B. PCI 总线
C. VESA 总线   D. CPU 存储器总线

60. 假设 8250 的基准工作时钟为 1.8432MHz，要求 8250 的通信波特率为 9600，分配给 8250 各端口的地址为 3F8H~3FFH。对 8250 除数寄存器进行初始化编程的一段程序为：

```
MOV    AL，80H
MOV    DX，3FBH
OUT    DX，AL          ；使通信线控制寄存器最高位置 1
MOV    AL，  ①
MOV    DX，3F8H        ；除数寄存器（低字节）
OUT    DX   AL
MOV    AL，  ②
MOV    DX，3F9H        ；除数寄存器（高字节）
OUT    DX，AL          ；对除数锁存器置初值，波特率设置为 9600
```

则程序中的两个空缺①和②应分别为（　　）。

A. 00H 和 0CH
B. 0FFH 和 0CH
C. 0CH 和 0FFH
D. 0CH 和 00H

二、填空题

请将答案分别写在答题卡中序号为【1】至【20】的横线上，答在试卷上不得分。

1. 下列指令序列执行后，AL 寄存器中的内容为【1】。

```
MOV   AL，1
SAL   AL，1
MOV   BL，AL
SAL   AL，1
SAL   AL，1
ADD   AL，SL
```

2. 指令系统是否精简的问题上，产生了两大类计算机系统，它们的英文缩写分别是 CISC 和【2】。

3. Windows XP 按照 ACPI 标准进行电源管理，它将系统的能耗状态分为 4 种，即工作状态、等待状态、休眠状态和【3】。

4. Pentium 微处理器中有一种短整数，字长为 32 位，采用补码表示，它所能表示的数值范围是【4】。

5. 80x86 微处理器的指令由两个部分组成，一个是操作码，另一个是【5】。

6. 计算机中由 5 种不同层次的存储器组成一个存储器体系，它们是寄存器、【6】、主存储器、辅助存储器和海量存储器。

7. 下面一段程序要实现的功能是：在内存中从地址 source 开始有一个长度为 100 的字符串，测试该字符串中是否存在数字，如有则将 DL 的第五位置 1，否则将该位置 0。

```
BEGIN:      MOV CX，100
            MOV SI，0
REPEAT:     MOV SOURCE［SI］
            CMP AL，30H
            JB GOON
            GMP AL，【7】
            JA GOON
            OR DL，20H
            JMP EXIT
GOON:       INC    SI
            LOOP REPFATI
            AND      DL，00FH
EXIT:
```

8. Cable MODEM 是近两年开始使用的一种超高速 MODEM，通过 Cable MODEM 可以将 PC 机接入【8】，利用有线电视网进行数据传输，从而达到高速访问因特网的目的。

9. 激光打印机和喷墨打印机都是页式打印机，它们的速度用每分钟打印的页数（PPM）来衡量，而针式打印机的打印速度用 CPS 来衡量，其含义为每秒打印的【9】数。

10. Internet（互联网）是一个庞大的计算机网络，每一台入网的计算机必须有一个唯一的标识，以便相互通信，该标识就是常说的【10】。

11. 若符号定义语句如下，则 L＝【11】。

```
BUF1   DB    1，2，'12'
BUF2   DB    0
L      EQU   BUF2－BUF1
```

12. Pentium4 微处理器在虚拟 8086 模式下应用程序的特权等级是【12】 。

13. 模拟声音数字化存放是通过采样和量化实现的，若采样频率为 44.1KHz，每样本 16 位，存放 1 分钟双声道的声音约占【13】M 字节存储空间。

14. 在"网络连接"文件夹中，可以利用【14】实现 LAN 中多个网段的连接。

15. 为了实现异构计算机网络的互连，国际标准化组织制定了一个开放系统互连参考模型（OSI/RM）的国际标准。该标准将网络的通信功能划分为【15】个层次。

16. 一个有 16 个字的数据区，它的起始地址为 70A0: DDF6，那么该数据区的最后一个字单元的物理地址为【16】。

17. 下图是一个小型以太局域网的示意图，除了服务器和 PC 机之外，其中用来连接网络中各个节点机并对接收到的信号进行再生放大的组网设备是【17】。

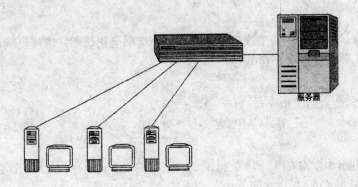

18. Pentium 微处理器两种典型存储器操作时序为非流水线存储器周期与【18】周期。

19. WindowsXP 通过 WIA 技术支持静态图像的获取等处理，该技术使用了【19】驱动程序模型架构。

20.【20】是输入照片图形时所采用的外部设备。

第 17 套

一、选择题

下列各题 A、B、C、D 四个选项中，只有一个选项是正确的，请将正确选项涂写在答题卡相应位置上，答在试卷上不得分。

1. 能完成字数据搜索的串指令是（　　）。
   A. MOVSW　　　　　B. CMPSW　　　　　C. SCASW　　　　　D. LODSW

2. 对使用 Pentium 4 作为 CPU 的 PC 机来说，下面关于 Cache 的叙述中错误的是（　　）。
   A. L1 Cache 与 CPU 制作在同一个芯片上
   B. L2 Cache 的工作频率越来越高，但不可能达到 CPU 的工作频率
   C. CPU 访问 Cache 时，若"命中"，则不需插入等待状态
   D. Cache 是 CPU 和 DRAM 主存之间的高速缓冲存储器

3. 下列关于计算机的叙述中，错误的是（　　）。
   A. 目前计算机仍然采用"存储程序控制"的工作原理
   B. 计算机的 CPU 可以由多个微处理器组成
   C. 目前常用的 PC 机中只有一个微处理器，它就是计算机的 CPU
   D. 目前大多数计算机可以联网使用

4. 下面关于计算机图形和图像的叙述中，正确的是（　　）。
   A. 图形比图像更适合表现类似于照片和绘图之类的有真实感的画面
   B. 一般说来图像比图形的数据量要少一些
   C. 图形比图像更容易编辑、修改
   D. 图像比图形更容易编辑、修改

5. 假设 VAR 为变量，MOV BX, OFFSET VAR 的寻址方式是（　　）。
   A. 直接寻址　　　　B. 间接寻址　　　　C. 立即寻址　　　　D. 存储器寻址

6. 在下列指令中，不影响标志位的指令是（　　）。
   A. SUB AX, BX　　　　　　　　　　　　B. ROR AL, 1
   C. JNC Lable　　　　　　　　　　　　　D. INT n

7. 微处理器 8086 存放当前数据段地址的寄存器是（　　）。
   A. CS　　　　　B. DS　　　　　C. ES　　　　　D. SS

8. 下面是关于文字编码的叙述，其中错误的是（ ）。
   A. ASCII 码字符集中的字符有些是不可打印的
   B. 我国最新发布的也是收字最多的汉字编码国家标准是 GBK
   C. BIG5 是我国台湾地区发布和使用的汉字编码字符集
   D. 不同字体（如宋体、楷体等）的同一个汉字在计算机中的内码相同

9. 在 80x86 微处理器的标志寄存器中，有可能受算术运算指令影响的标志位是（ ）。
   A. IF（中断标志）   B. DF（方向标志）
   C. OF（溢出标志）   D. TF（陷阱标志）

10. 串行通信中，若收发双方的动作由同一个时序信号控制，则称为（ ）串行通信。
    A. 同步   B. 异步   C. 全双工   D. 半双工

11. "图"在 PC 机中有两种表示方法，一种是图像（image），另一种是图形（graphics）。（ ）
    文件类型是图形文件。
    A. BMP   B. TIF   C. JPG   D. WMF

12. 在 80x86 汇编语言的段定义伪指令中，（ ）定位类型用来指定段的起始地址为任意地
    址。
    A. BYTE   B. PARA   C. WORD   D. PAGE

13. 下列关于 PC 机软件的叙述中，错误的是（ ）。
    A. PC 机的软件分为系统软件和应用软件
    B. 文字处理软件和绘图软件属于应用软件
    C. 操作系统和语言处理程序属于系统软件
    D. 一台 PC 机上只能安装一种操作系统

14. 在计算机中将有关数据加以分类、统计、分析，以取得有利用价值的信息，我们称其为
    （ ）。
    A. 辅助设计   B. 数值计算   C. 实时控制   D. 数据处理

15. 若（AL）=10101101B，为了使其内容变为 01011101B，下列（ ）执行一次即可完
    成此操作。
    A. NOT 指令   B. AND 指令   C. OR 指令   D. XOR 指令

16. 若被连接的程序模块有相同的数据段定义，则这两个程序的数据段应选用下列（ ）
    类型才比较合理。
    A. NONE   B. PUBLIC   C. COMMON   D. AT

17. 下面是关于 Pentium 微处理器总线时序的描述，其中错误的是（ ）。

A. Pentium 微处理器的突发式读写总线周期每次可传送 4 个 64 位数据

B. 完成一次非流水线读写总线周期至少需要 2 个时钟周期

C. 完成一次突发式读写总线周期至少需要 4 个时钟周期

D. 流水线读写总线周期具有较高的总线利用率

18. 中断服务寄存器的作用是（   ）。

A. 指示有外设向 CPU 发中断请求   B. 指示有中断正在进行

C. 开放或关闭中断系统   D. 以上都不对

19. 下面是有关"超文本"的叙述，其中错误的是（   ）。

A. 超文本节点中的数据可以是文字、图形、图像、声音或视频

B. 超文本节点可以分布在互联网上不同的 WWW 服务器中

C. 超文本节点之间的关系是线性的

D. 超文本节点之间通过指针（URL 或文件路径等）链接

20. 视频采集卡的基本功能是将模拟视频信号经过取样、量化以后转换为数字图像并输入到主机。视频采集卡的输入信号可以来自（   ）。

A. DVD 放像机   B. 有线电视

C. VCD 放像机   D. 以上设备均可

21. 显示控制卡也称显卡、显示卡、图形卡、图形加速卡或视频适配卡。下面有关 PC 机显示卡的叙述中，错误的是（   ）。

A. 目前 PC 机使用的显卡大多数与 VGA 标准兼容

B. 图像的展现和图形的绘制主要由显卡中的显示控制器完成

C. 目前有些计算机的显卡是集成在主板上的

D. 目前多数显卡采用 PCI 总线接口

22. 下面是 80x86 宏汇编语言中关于 SHORT 和 NEAR 的叙述，（   ）是正确的。

A. 它们都可以直接指示无条件转移指令目标地址的属性

B. 它们都必须借助于 PTR 才能指示无条件转移指令目标地址的属性

C. SHORT 必须借助于 PTR 才能指示无条件转移指令目标地址的属性

D. NEAR 必须借助于 PTR 才能指示无条件转移指令目标地址的属性

23. 下面关于串行接口控制电路 8250 的叙述中，错误的是（   ）。

A. 8250 是一个通用同步接收器/发送器

B. 8250 有"接收数据错"等 4 个中断源，但一次仅能发出一个中断请求信号

C. 8250 内部的调制解调控制电路用于提供一组通用的控制信号，使 8250 可直接与调制解调器相连

D. 8250 内部的波特率发生控制电路由波特率发生器和除数寄存器等部件组成

24. 提出中断请求的条件是（　　　）。

　　A．外设提出中断

　　B．外设工作完成和系统允许时

　　C．外设工作完成和中断标志触发器为"1"时

　　D．以上都不对

25. 按下一个键后立即放开，产生 IRQ1 的个数是（　　　）。

　　A．随机的　　　　　　B．1　　　　　　C．2　　　　　　D．3

26. Windows 98/XP 提供了多个系统工具，便于用户对系统的管理和日常维护。在下列有关系统工具的叙述中，错误的是（　　　）。

　　A．系统提供的"磁盘扫描程序"分为两种，即 Windows 环境下的磁盘扫描程序和 MS-DOS 环境下运行的磁盘扫描程序

　　B．"计划任务"（或称为"任务计划"）程序是一个任务调度工具，它可以指定一个或多个程序在特定的时间或在满足一定条件时运行

　　C．利用"系统信息"程序，可以以类似于资源管理器那样的方式查看系统软、硬件的有关信息

　　D．"磁盘清理"程序的功能是对磁盘上的"碎片"进行整理，以提高磁盘的利用率和访问文件的速度

27. 在虚拟 8086 模式下，应用程序的特权级是（　　　）。

　　A．0 级　　　　　　B．1 级　　　　　　C．2 级　　　　　　D．3 级

28. 微型计算机产品至今已经历了多次演变，其主要标志是（　　　）。

　　A．体积与重量　　　　　　　　　　B．用途

　　C．价格　　　　　　　　　　　　　D．微处理器的字长和功能

29. 目前，ATX 是 PC 机中最流行的主权形状参数。ATX 主板系列包括四种尺寸规范，其中尺寸最大的是（　　　）。

　　A．ATX　　　　　　B．Mini-ATX　　　　　　C．Micro-AXT　　　　　　D．Flex-ATX

30. 下面关于液晶显示器 LCD 的叙述中，错误的是（　　　）。

　　A．液晶显示器适合于大规模集成电路直接驱动，厚度薄、重量轻

　　B．液晶显示器可以实现全彩色显示

　　C．液晶显示器的屏幕不能像 CRT 屏幕那么大

　　D．液晶显示器的工作电压低、没有辐射危害

31. 指令 ADD CX，[DI＋07H] 中源操作数的寻址方式是（　　　）。

　　A．变址寻址　　　　　　　　　　　B．基址寻址

C. 相对变址寻址   D. 基址和变址寻址

32. 已知（AL）＝7，（BL）＝9，执行下述指令后（AL）＝（　　）。

    MUL AL，BL

    AAM

    A. 63   B. 3FH   C. 6   D. 3

33. 中断向量可以提供（　　）。

    A. 被选中设备的起始地址   B. 传送数据的起始地址

    C. 中断服务程序入口地址   D. 主程序的断点地址

34. 若用 24K×4 位芯片构成 64KB 的存储器，需要（　　）。

    A. 16 片   B. 32 片   C. 64 片   D. 128 片

35. 操作系统是管理计算机软硬件资源、控制程序运行、改善人机界面和为应用软件提供支持的一种系统软件。下面是有关操作系统的一些叙述：

    ① 从 1946 年的 ENIAC 计算机开始，计算机都必须配有操作系统才能工作

    ② 操作系统与计算机硬件无关，任何计算机均可安装任何操作系统

    ③ 从操作系统的功能看，处理器管理也可以称为进程管理

    ④ 所有的操作系统均支持虚拟存储技术

    以上（　　）叙述是错误的。

    A. ①、②、③和④   B. ①、②和③

    C. ①、②和④   D. ②和④

36. 执行下面的程序后，AX 寄存器中的数据是（　　）。

    BUT   DW   10 DUP（2）

                    XOR AX， AX

                    MOV CX，   LENGTH

                    MOV SI，SIZE BUF－TYPE BUF

    NEXT: ADD AX，BUF ［SI］

                    SUB   SI，TYPE BUF

                    LOOP

    A. 20   B. 30   C. 32   D. 40

37. Pentium 处理器与内存进行数据交换的外部数据总线为 64 位，在下列处理器中，它属于（　　）。

    A. 8 位处理器   B. 16 位处理器   C. 32 位处理器   D. 64 位处理器

38. 微处理器的字长、主频、ALU 结构以及（　　）功能是影响其处理速度的重要因素。

    A. 有无中断处理   B. 是否微程序控制

C．有无 DMA 功能   D．有无 Cache 存储器

39. 下面有关显示器主要性能参数的叙述中，错误的是（   ）。

     A．显示器的点距越小，像素密度就越高，显示的画面可以更清晰

     B．17 英寸显示器是指其显示屏对角线长度为 17 英寸

     C．显示器分辨率与显示屏尺寸和点距有关，其水平分辨率与垂直分辨率之比一般为 3:4

     D．PC 机显示器的帧频一般都在 50Hz 以上

40. 计算机使用总线结构的主要优点是便于实现积木化，其特点是（   ）。

     A．地址信息、数据信息和控制信息不能同时出现

     B．地址信息与数据信息不能同时出现

     C．数据信息与控制信息不能同时出现

     D．两种信息源的码在总线中不能同时传送

41. 用 MOV 指令将十进制数 89 以组合型 BCD 码格式送入 AX，正确使用的指令是（   ）。

     A．MOV AX，0890   B．MOV AX，0809H

     C．MOV AX，0089H   D．MOV AX，8009

42. 人们说话时所产生的语音信号必须数字化之后才能由计算机存储和处理。假设语音信号数字化时的取样频率为 8kHz，量化精度为 8 位，数据压缩倍数为 4 倍，那么一分钟数字语音的数据量大约是（   ）。

     A．960 kB   B．480 kB   C．120 kB   D．60 kB

43. 一个像素可以显示出多种颜色，如果像素的深度为 16 bit，则可显示的颜色为（   ）。

     A．256 种   B．1024 种   C．16384 种   D．65366 种

44. PC 中鼠标器是常用的输入设备之一。下面是有关鼠标器的叙述：

     Ⅰ．分辨率是鼠标器主要的技术指标之一，用 dpi 表示

     Ⅱ．鼠标器输入到 PC 中的信息是它的移动距离

     Ⅲ．鼠标以串行方式输入信息，所以鼠标器都采用标准串口 COM 与 PC 相连

     Ⅳ．可以用笔输入设备完成鼠标器的基本功能

     上述叙述中，哪些是正确的？（   ）

     A．仅Ⅰ和Ⅱ   B．仅Ⅰ和Ⅳ

     C．仅Ⅱ和Ⅲ   D．仅Ⅲ和Ⅳ

45. 下列叙述中（   ）是正确的。

     A．反病毒软件通常滞后于计算机新病毒的出现

     B．反病毒软件总是超前于病毒的出现，它可以查、杀任何种类的病毒

     C．感染计算机病毒的计算机具有对该病毒的免疫性

     D．计算机病毒感染之后会马上在计算机中爆发

46. 下面是关于 8259A 可编程中断控制器的叙述，其中错误的是（   ）。

    A．8259A 具有将中断源按优先级排队的功能

    B．8259A 具有辨认中断源的功能

    C．8259A 具有向 CPU 提供中断类型码的功能

    D．目前 PC 机主板提供的中断控制功能只相当于一片 8259A 提供的功能

47. 在下列 Windows XP 网络与通信功能的组件中，Windows 98 没有的是（   ）。

    A．Windows Messenger   B．Internet 信息服务（IIS）

    C．Internet Explorer   D．Outlook Express

48. 广域网（WAN）是一种跨越很大地域范围的计算机网络。下面关于广域网的叙述中，正确的是（   ）。

    A．广域网是一种通用的计算机网络，所有用户都可以接入广域网

    B．广域网使用专用的通信线路，数据传输速率很高

    C．Internet、CERNET、ATM、X.25 等都是广域网

    D．广域网按广播方式进行数据通信

49. Windows 98 采用了集成的可管理的 32 位网络体系结构，满足了网络应用和通信的需要。在下列有关 Windows 98 网络与通信功能的叙述中，错误的是（   ）。

    A．两台 PC 机可以通过并口或串口直接用电缆连接，进行数据通信

    B．安装了 Windows 98 的多台 PC 机可以互联成网，组成对等网络

    C．安装 Windows 98 的 PC 机可以作为 Microsoft 网络的客户机

    D．"拨号网络适配器"是指 PC 机中安装的网卡

50. 显示器分辨率指的是整屏可显示像素的多少，这与屏幕的尺寸和点距密切相关。例如 15 英寸的显示器，水平和垂直显示的实际尺寸大约为 280mm×210mm，当点距是 0.28mm 时，其分辨率大约是（   ）。

    A．800×600   B．1024×768   C．1600×1200   D．1280×1024

51. 执行下面的程序段后，AL 寄存器中的内容应该是（   ）。

    MOV AL，03H

    MOV BL，09H

    SUB AL，BL

    A．0FAH   B．04H   C．06H   D．86H

52. 在读写硬盘的一个物理记录块时，以下（   ）参数是不需要的。

    A．柱面（磁道）号   B．盘片（磁头）号

    C．簇号   D．扇区号

53. 执行下面的程序段后，102H 单元中的数据是（   ）。

```
ORG      100H
DAT      DB 12H，13H，14H
MOV      BX，OFFSET DAT
INC      BYTE PTR［BX］
INC      BX
DEC      BYTE PTR［BX］
HLT
```
   A．15H   B．12H   C．13H   D．14H

54. 若（AL）=80H，执行 NEG AL 指令后，CF 和 OF 标志位的状态分别为（   ）。
   A．0 和 0   B．0 和 1   C．1 和 0   D．1 和 1

55. PC 是通过声卡和音箱输出声音的。下面是有关 PC 声音输出功能的描述：
  Ⅰ．播放 MIDI 音乐时，必须通过声卡中的 MIDI 合成器将它转换为波形信号
  Ⅱ．声卡可以输出通过 TTS 技术合成得到的语音信息
  Ⅲ．杜比数字 5.1 环绕声效中的".1"声道指的是超低音声道
  Ⅳ．通常木壳音箱厚实、坚硬，比塑料音箱的音质好
  上述叙述中，哪些是正确的？（   ）
   A．仅Ⅰ和Ⅱ   B．仅Ⅰ、Ⅲ和Ⅳ   C．仅Ⅱ和Ⅲ   D．全部

56. 8086/8088 CPU 中 SS 是（   ）。
   A．标志寄存器   B．代码段寄存器
   C．数据段寄存器   D．堆栈段寄存器

57. 下列指令中，源操作数的寻址方式为相对基址变址寻址方式的指令是（   ）。
   A．MOV AX，COUNT[SI]   B．MOV AX，[BX][DI]
   C．MVO AX，COUNT[BP][SI]   D．MOV AX，[BX+DI]

58. 主机和硬盘之间的接口电路，主要用于实现主机对硬盘驱动器的各种控制，完成主机和硬盘之间的数据交换。目前，PC 机的硬盘接口电路主要有（   ）两大类。
   A．IDE 接口和 Centronics 接口   B．IDE 接口和 SCSI 接口
   C．USB 接口和 IEEE-1394 接口   D．SCSI 接口和 IEEE-1394 接口

59. 寄存器间接寻址方式中，操作数在（   ）中。
   A．通用寄存器   B．堆栈
   C．主存单元   D．段寄存器

60. 有一 PC 用户使用 33.6kbps 的 MODEM 通过电话线上网，下载文件时半小时时间内理论上可能下载的数据量大约是（   ）。
   A．7MB   B．10MB   C．15MB   D．20MB

二、填空题

请将答案分别写在答题卡中序号为【1】至【20】的横线上，答在试卷上不得分。

1. 计算机中的指令由操作码字段和【1】两部分组成。

2. DDR SDRAM 是对标准 SDRAM 的改进，其基本原理是利用存储器总线时钟的上升沿与下降沿在同一个时钟内实现两次数据传送，DDR SDRAM 中第一个英文字母 D 是英文单词【2】的缩写。

3. 下列程序执行后，SI 寄存器中的内容是【3】。
   ```
   MOV SI, -1
   MOV L, 4
   SAL SI, CL
   AND SI, 7FFFH
   OR SI, 8000H
   6. NOT SI
   ```

4. 80286 在保护模式下，虚拟空间为【4】GB，实际地址空间为 16MB。

5. 在存储器的管理中常用【5】的方式来摆脱主存容量的限制。

6. 80x86 微处理器在保护模式下存储空间使用逻辑地址、线性地址和物理地址进行描述，其中汇编语言程序员直接使用的地址是【6】。

7. 假设（SP）=0100H，（SS）=2000H，执行 PUSH BP 指令后，栈顶的物理地址是【7】。

8. 若 APG1X 模式的数据传输率为 2666MB／s，APG 2X 模式的数据传输率为 533.2 MB／s，则 APG 4X 模式的数据传输率为【8】。

9. 通用异步收发器 8250 内部的发送器由发送保持寄存器、并/串发送移位寄存器和发送同步控制三部分组成。当要发送数据时，按照发送的要求将发送的并行数据变成串行数据，并对每一个数据添加起始位、校验位和【9】位，经 8250 的 SOUT 引脚发送出去。

10. cable modem 上传和下载的速率是不一样的。当数据下行传输时，一个 6MHz 的频带可传输的数据速率通常能达到【10】以上。

11. 加速图形端口 AGP 是为高性能图形和视频支持而设计的一种专用总线。AGP1X 模式的数据传输率为 266.6MB/s，AGP2X 模式的数据传输率为【11】。

12. 在某应用软件的安装说明书中指出，该应用软件的运行环境为"Windows 98 SE"。这里的"SE"是指【12】。

13. 计算机的指令一般由【13】和一个或多个操作数组成。

14. 安装了 Windows 98 的 PC 机可以在三种不同的网络中起不同的作用，它们分别是远程网络、客户机/服务器网络和对等式网络。如果某局域网中，所有的主机（计算机）均使用 Windows 98 操作系统，则该网络属于【14】。

15. 若数码相机一次可以连续拍摄 65536 色的 1024×1024 的彩色相片 64 张，假设平均数据压缩 4 倍，则它使用的 Flash 存储器容量大约是【15】MB。

16. 数据通信是指通过【16】和通信技术两种技术的结合来实现信息的传输、交换、存储和处理。

17. I/O 数据缓冲器主要用于协调 CPU 与外部设备在【17】上的差异。

18. 目前 PC 中主存储器使用的 RAM 多采用 MOS 型半导体集成电路芯片制成，根据其保存数据的机理可分为【18】和 SRAM 两大类。

19. 在启动盘的根目录中有一个引导菜单文件，它是在系统安装时创建的一个文本文件，用于控制操作系统的引导。该引导菜单文件的文件名是【19】。

20. 汉字的区位码、国标码和机内码是三个不同的概念，假设某个汉字的区号是 30（十进制），位号是 63（十进制），则在 PC 机中它的内码（十六进制）是【20】。

第 18 套

一、选择题

下列各题 A、B、C、D 四个选项中，只有一个选项是正确的，请将正确选项涂写在答题卡相应位置上，答在试卷上不得分。

1. 80386 可以预先提取多达（　　）个字节指令存放队列中。
   A. 8　　　　　　　　B. 10　　　　　　　　C. 14　　　　　　　　D. 16

2. 视频信息采用数字形式表示后有许多特点，下面的叙述中不正确的是（　　）。
   A. 不易进行操作处理　　　　　　　　B. 图像质量更好
   C. 信息复制不会失真　　　　　　　　D. 有利于传输和存储

3. 下述程序段中，当变量 VAR 的内容为何值时，执行 JZ ZERO 条件转移指令后，可满足条件转至 ZERO 处（　　）。
   ```
   TEST VER, 55H
           JZ ZERO
    ZERO: ...
   ```
   A.（VAR）=0　　　　　　　　　　B.（VAR）=55H
   C. VAR 中第 0，2，4，6 位为 0　　　D. VAR 中第 1，3，5，7 位为 0

4. 磁盘与光盘相比，下列（　　）是磁盘的缺点。
   A. 数据传输率高　　　　　　　　　　B. 重量轻
   C. 存储容量大　　　　　　　　　　　D. 数据易丢失

5. 从计算机的逻辑组成来看，通常所说的 PC 机的"主机"包括（　　）。
   A. 中央处理器（CPU）和总线　　　　B. 中央处理器（CPU）和主存
   C. 中央处理器（CPU）、主存和总线　　D. 中央处理器（CPU）、主存和外设

6. 执行下面的程序段后，AL 寄存器中的内容应该是（　　）。
   ```
   MOV AL, 03H
   MOV BL, 09H
   SUB AL, BL
   AAS
   ```
   A. 0FAH　　　　　　B. 04H　　　　　　C. 06H　　　　　　D. 86H

7. PC 机的软件可以分为系统软件和应用软件，下列（   ）属于应用软件。

    A. 操作系统　　　　　　　　　　　　B. 程序设计语言处理程序

    C. 数据库管理系统　　　　　　　　　D. 文字处理软件

8. 在整数定点机中，若机器采用补码、双符号位，它的十六进制数表示为 0C0H，则它对应的真值是（   ）。

    A. −1　　　　　　　B. +3　　　　　　　C. −32　　　　　　　D. −64

9. 下列指令中，有（   ）指令需要使用 DX 寄存器。

    ①MUL BX；　②DIV BL；　③IN AX，20H；　④OUT 20H，AL

    A. 1 条　　　　　　B. 2 条　　　　　　C. 3 条　　　　　　D. 4 条

10. 在 80x86 系列 CPU 的引脚中，用于连接硬中断信号的引脚有（   ）。

    A. 15 个　　　　　　B. 8 个　　　　　　C. 2 个　　　　　　D. 1 个

11. Intel 8086 微处理器中，给定段寄存器中存放的段基址 6530H，有效地址 1200H，则其物理地址是（   ）。

    A. 7730H　　　　　　B. 6730H　　　　　　C. 513EH　　　　　　D. 66500H

12. 假定（SS）=2000H，（SP）=0100H，（AX）=0101H，（DX）=0011H，执行下列指令后，（AL）=（   ）。

    PUSH AX

    PUSH DX

    POP AX

    POP DX

    A. 21H　　　　　　B. 20H　　　　　　C. 01H　　　　　　D. 11H

13. 指令 IN AL，DX 对 I／O 端口的寻址范围是（   ）。

    A. 0~255　　　　　　B. 0~65535　　　　　　C. 0~1023　　　　　　D. 0~32767

14. 已知（DS）=1000H，（BP）=0010H，（DI）=0100H，（010111H）=0ABH，（010111）=0BAH，执行指令 LEA CX，[BP][DI] 后，（BX）=（   ）。

    A. 0ABBAH　　　　　　B. 0100H　　　　　　C. 0BAABH　　　　　　D. 0110H

15. 8086/8088CPU 执行出栈操作时，栈指针 SP 的值（   ）。

    A. −1　　　　　　B. −2　　　　　　C. +1　　　　　　D. +2

16. 在接口实现数据格式转换是使用（   ）。

    A. 计数器　　　　　　B. 译码器　　　　　　C. 寄存器　　　　　　D. 分配器

17. 显示屏的尺寸是显示器的重要性能指标之一。下面关于显示屏尺寸的叙述中正确的是（   ）。

    A. 显示器的屏幕大小用显示屏的对角线长度来度量

    B. 显示器屏幕大小的度量单位是寸

    C. CRT 显示屏的宽度与高度之比一般为 3：4

    D. 宽屏液晶显示器的宽高比为 15：9

18. 以下是有关光盘存储器的叙述：

    Ⅰ. 所有光盘均只能一次性写入信息，还能修改和抹除，只能读出

    Ⅱ. 光盘上存储信息的光道呈螺旋状

    Ⅲ. 光盘存储器盘布有许多凹坑，所有信息都记录在凹坑中

    Ⅳ. 光盘驱动器的寻道定位时间通常比硬盘长

    上述叙述中，哪些是正确的？（   ）

    A. 仅Ⅰ和Ⅱ   B. 仅Ⅱ和Ⅳ

    C. 仅Ⅱ和Ⅲ   D. 仅Ⅰ、Ⅲ和Ⅳ

19. PC 显示器由两部分组成，其中 CRT 的监视器的核心是（   ）。

    A. 视频信号放大电路   B. 显示存储器

    C. CRT 阴极射线管   D. 显示器

20. PC 中用于视频信号/输出处理的专用扩充卡称为"视频卡"。下面是有关视频卡的描述：

    Ⅰ. PC 输入/输出视频信息必须通过视频卡

    Ⅱ. 视频卡可以从摄像机、录像机、VCD/DVD 机等设备上获取视频信息

    Ⅲ. 视频卡都有声音输入/输出功能，还能处理 MIDI 音乐

    Ⅳ. 多功能视频卡具有视频采集、压缩编码和 TV 输入/输出等功能

    上述叙述中，哪些是正确的？（   ）

    A. 仅Ⅰ和Ⅱ   B. 仅Ⅱ和Ⅲ

    C. 仅Ⅱ和Ⅳ   D. 仅Ⅰ、Ⅲ和Ⅳ

21. 在保护模式下处理中断时，提供 Pentium 微处理器中断服务程序段基址的是（   ）。

    A. 中断描述符   B. 段描述符

    C. TSS 描述符   D. CS 寄存器

22. 虚拟存储器一般的主存—辅存系统的本质区别之一是（   ）。

    A. 使用虚拟存储器，编程人员必须用变址寻址或基址寻址等方式来扩大逻辑地址空间，使之与物理空间相匹配

    B. 虚拟存储器对物理空间的分配是由操作系统完成的，而不是由程序人员进行安排的

    C. 虚拟存储器访问主存时不必进行虚实地址的变换，很方便，深受程序人员的欢迎

    D. 虚拟存储器空间比物理空间小，但速度快得多

23. 已知（IP）=1000H，（SP）=2000H，（BX）＝2817H，CALL WORD PTR ［BX］指令的机器代码是 FF17H，试问执行该指令后，SS:1FFEH 字节单元中的数据是（　　）。
   A. 28H　　　　　　　B. 3FH　　　　　　　C. 00H　　　　　　　D. 02H

24. 假设 VAR 为变量，指令 MOV BX, OFFSET VAR 的寻址方式是（　　）。
   A. 直接寻址　　　　　　　　　　　B. 间接寻址
   C. 立即寻址　　　　　　　　　　　D. 存储器寻址

25. 要完成（AX）×7/2 运算，则下列四条指令之后添加（　　）指令。
   MOV　BX，AX
   MOV　CL，3
   SAL　AX，CL
   SUB　AX，BX
   A. ROR　AX,1　　　　　　　　　B. SAL　AX,1
   C. SAR　AX,1　　　　　　　　　D. DIV　AX,2

26. JMP FAR PTR ABCD（ABCD 是符号地址）是（　　）。
   A. 段内间接转移　　　　　　　　　B. 段间间接转移
   C. 段内直接转移　　　　　　　　　D. 段间直接转移

27. 在具有 PCI/ISA 总线结构的现行奔腾机中，打印机一般是通过打印机接口连接到（　　）。
   A. CPU 局部总线　　　　　　　　　B. PCI 总线
   C. ISA 总线（AT 总线）　　　　　　D. 存储器总线

28. PC 机中有一种类型为 .mid 的文件，下面是关于此类文件的一些叙述，其中错误的是：
   （　　）。
   A. .mid 文件遵循 MIDI 规范，可以由媒体播放器之类的软件进行播放
   B. 播放.mid 文件时，乐曲是由 PC 机中的声卡合成出来的
   C. .mid 文件播放出来的可以是乐曲，也可以是歌曲
   D. PC 机中的乐曲除了使用.mid 文件表示之外，也可以使用.wav 文件表示

29. Internet 是遍及全球的一个超大型计算机网络，下面关于 Internet 的叙述中，错误的是：
   （　　）。
   A. Internet 是一种开放的广域网，原则上任何国家和地区的计算机都可以连接 Internet
   B. Internet 上有大量的信息资源，用户通过浏览器即可下载连接在 Internet 上任何一台
      计算机上的数据和文件
   C. Internet 由许多异构的计算机网络互连而成
   D. Internet 既能以点对点的方式、也能以广播方式进行数据通信

30. 存储周期是指（　　）。

A. 存储器的读出时间

B. 存储器的写入时间

C. 存储器进行连续读和写操作所允许的最短时间间隔

D. 存储器进行连续写操作所允许的最短时间间隔

31. 在 8086 微机中，立即、直接、间接寻址方式中，指令的执行速度最慢的是（　　）。

A. 立即寻址　　　　　　　　　　　B. 直接寻址

C. 间接寻址　　　　　　　　　　　D. 直接和间接寻址

32. 假设处理器总线、存储器总线和 PCI 总线的数据传输速率分别用 T_{CPU}、T_{MEM} 和 T_{PCI} 表示。下面是关于这些总线的数据传输速率快慢的叙述：

Ⅰ. $T_{CPU}>T_{PCI}>T_{MEM}$　　　　　　　　Ⅱ. $T_{MEM}>T_{CPU}>T_{PCI}$

Ⅲ. $T_{MEM}>T_{PCI}>T_{CPU}$　　　　　　　　Ⅳ. $T_{PCI}>T_{MEM}>T_{CPU}$

其中，错误的是（　　）。

A. 仅Ⅰ　　　　　　　　　　　　　B. 仅Ⅰ和Ⅱ

C. 仅Ⅰ、Ⅱ和Ⅲ　　　　　　　　　D. Ⅰ、Ⅱ、Ⅲ和Ⅳ

33. 80586（Pentium）486 与 DX 相比，其特点是（　　）。

A. 有浮点处理功能　　　　　　　　B. 有 Cache 存储器

C. 内部数据总线为 32 位　　　　　　D. 外部数据总线为 64 位

34. 下面是关于 PCI 总线的叙述，其中错误的是（　　）。

A. PCI 总线支持突发传输

B. PCI 总线支持总线主控方式

C. PCI 总线没有双重功能的信号线，即每条信号都只有一种功能

D. PCI 总线支持即插即用功能

35. 当前使用的声卡为了能支持比较高质量的 MIDI 音乐的输出，所使用的 MIDI 合成器类型是（　　）。

A. FM 合成器　　　　　　　　　　B. 硬波表合成器

C. 软波表合成器　　　　　　　　　D. 外接 MIDI 音源

36. CCD 芯片的像素数目是数码相机的重要性能指标，它与可拍摄的图像分辨率有密切的关系。假设有一台 200 万像素的数码相机，它所拍摄的图像的最高分辨率是（　　）。

A. 600×800　　　B. 1024×768　　　C. 1280×1024　　　D. 1600×1200

37. 通过 DMA 方式传送一个数据块的过程中，会涉及下面几个操作：

Ⅰ. DMAC 向 CPU 发申请总线的请求信号 HRQ

Ⅱ. I/O 设备向 DMAC 发 DMA 请求信号，要求进行数据传送

Ⅲ. CPU 在完成当前总线周期后暂停操作，向 DMAC 发响应 DMA 请求的回答信号 HLDA

并交出总线控制权

　　Ⅳ. DMAC 向存储器发存储器地址信号

　　正确的操作步骤是（　　）。

　　A. Ⅰ、Ⅱ、Ⅲ和Ⅳ
　　B. Ⅱ、Ⅲ、Ⅳ和Ⅰ
　　C. Ⅲ、Ⅳ、Ⅰ和Ⅱ
　　D. Ⅱ、Ⅰ、Ⅲ和Ⅳ

38. 打印机是一种输出设备，可以输出文稿、图像、图形、程序等。下面是有关打印机的叙述：

　　Ⅰ. 针式打印机因打印质量差、噪声大、速度慢，目前在市场上已被淘汰

　　Ⅱ. 激光打印机的优点是打印质量高、速度快、噪声低，使用较广泛

　　Ⅲ. 喷墨打印机的特点是能输出彩色图像，且噪音低，但耗材价格较贵

　　Ⅳ. 300dpi 是人眼分辨打印的文字图像是否有"锯齿"的临界点，因此所有打印的分辨率都在 300dpi 以上

　　上述叙述中，（　　）是错误的。

　　A. 仅Ⅰ、Ⅱ
　　B. 仅Ⅲ和Ⅳ
　　C. 仅Ⅱ和Ⅳ
　　D. 仅Ⅰ和Ⅳ

39. 由 200 万像素组成的一幅图像，它的图像分辨率大约是（　　）。

　　A. 600×800
　　B. 1024×768
　　C. 1280×1024
　　D. 1600×1200

40. PC 机中，通用异步接收器/发送器（8250）的基准工作时钟为 1.8432 MHz，当 8250 的通信波特率为 9600 时，写入 8250 除数寄存器的值为（　　）。

　　A. 000CH
　　B. 0018H
　　C. 0030H
　　D. 0060H

41. 主机与硬盘的接口用于实现主机对硬盘驱动器的各种控制，完成主机与硬盘之间的数据交换。目前台式计算机使用的硬盘接口电路主要是哪一种类型（　　）。

　　A. SCSI
　　B. USB
　　C. 并行口
　　D. PATA 或 SATA

42. 若汇编语言源程序中段的定位类型设定为 PARA，则该程序目标代码在内存中的段起始地址应满足的条件是（　　）。

　　A. 可以从任一地址开始
　　B. 必须是偶地址
　　C. 必须能被 16 整除
　　D. 必须能被 256 整除

43. 下列（　　）不是文件系统的功能。

　　A. 文件系统实现对文件的按名存取

　　B. 负责实现数据的逻辑结构到物理结构的转换

　　C. 提高磁盘的读 / 写速度

　　D. 提供对文件的存取方法和对文件的操作

44. 下列各叙述中，不能反映 RISC 体系结构特征的一项是（　　）。

　　A. 微程序控制方式

B. 执行每条指令所需的机器周期数的平均值最小

C. 简单的指令系统

D. 仅用 LOAD/STORE 指令访问存储器

45. 下面关于 USB 的叙述中，错误的是（　　）。

A. USB2.0 的数据传输速度比 USB1.1 快得多

B. USB 支持热插拔和即插即用功能

C. USB 不能通过其连接器引脚向外围设备供电

D. USB 中的数据信号是以差分方式传送的

46. 下面是有关 PC 机中声卡的叙述：

Ⅰ. 可对输入的模拟声音进行数字化

Ⅱ. 能将数字声音还原为模拟声音

Ⅲ. 能进行 MIDI 音乐合成

Ⅳ. 目前大多数声卡已集成在主板上

以上叙述中，（　　）是正确的。

A. 仅Ⅰ和Ⅱ

B. 仅Ⅰ、Ⅱ和Ⅲ

C. 仅Ⅰ和Ⅲ

D. Ⅰ、Ⅱ、Ⅲ和Ⅳ

47. 通常情况下，一个外中断服务程序的第一条指令是 STI，其目的是（　　）。

A. 开放所有屏蔽中断

B. 允许低一级中断产生

C. 允许高一级中断产生

D. 允许同一级中断产生

48. 在 DMA 传送方式下，外部设备与存储器之间的数据传送通路是（　　）。

A. 数据总线 DB

B. 专用数据通路

C. 地址总线 AB

D. 控制总线 CB

49. CD-ROM 存储器是计算机的一种外存储器。以下有关 CD-ROM 存储器的叙述中，错误的是（　　）。

A. 它只能读出而不能修改所存储的信息

B. 光学读出头以恒定线速度读取光盘片上的信息

C. 盘片表面有许多凹坑，所有信息记录在凹坑中

D. 32 倍速光盘驱动器的数据传输速率为 4.8MB/s

50. 存储周期时间是（　　）。

A. 从开始写入到存储单元存放数据的时间

B. 从开始读出到获得有效数据的时间

C. 连续启动两次独立的存储器操作所需要的最小间隔时间

D. 读出一次再重写一次所需的时间

51. 某公司在将一个产品的图片用电子邮件发送给客户前，需要先生成相应的图片文件。下列方法中，（　　）是不可行的。
   A. 用普通相机对该产品进行拍摄并冲洗后，用胶片扫描仪对照相底片扫描输入
   B. 用普通相机对该产品进行拍摄并冲印出照片后，用平板扫描仪对照片扫描输入
   C. 用数码相机拍摄后，通过相机提供的接口将图片输入到计算机中
   D. 用滚筒式扫描仪直接对该产品进行扫描输入

52. 下面关于8259A可编程中断控制器的叙述中，正确的是（　　）。
   A. 8259A的命令字共有7个，其中初始化命令字有3个，操作命令字有4个
   B. 8259A的命令字共有7个，因此，8259A应有7个命令端口，通过3根地址线来寻址
   C. 8259A的初始化命令字不必按一定的顺序写入
   D. 8259A的操作命令字不必按一定的顺序写入

53. 当8088/8086的 $S_4=0$，$S_3=1$ 时，表示当前正使用（　　）段寄存器。
   A. ES   B. CS   C. DS   D. SS

54. 目前，向PC机输入视频信息的主要途径有如下几种，其中（　　）不需要PC机参与将模拟视频信号数字化。
   Ⅰ. 将家用录放像机播放的视频信号输入PC机
   Ⅱ. 将有线电视电缆送来的信号输入PC机
   Ⅲ. 使用数字摄像机拍摄后，通过IEEE-1394接口输入PC机
   Ⅳ. 通过VCD或DVD光盘输入PC机
   A. Ⅰ、Ⅱ   B. Ⅰ、Ⅲ
   C. Ⅱ、Ⅲ   D. Ⅲ和Ⅳ

55. 用户在上网（Internet）时，常常将一些常用的网站／网页添加到收藏夹中。在Windows 98/XP默认安装的情况下，这些添加到收藏夹中的信息是被保存在 C:\Windows 文件夹下的（　　）文件夹中。
   A. System   B. History
   C. Favorites   D. Temporary Internet Files

56. 磁盘存储器的数据存取速度与下列哪一组性能参数有关（　　）。
   A. 平均等待时间、磁盘旋转速度、数据传输速率
   B. 平均寻道时间、平均等待时间、数据传输速率
   C. 数据传输速率、磁盘存储密度、平均等待时间
   D. 磁盘存储器容量、数据传输速率、平均等待时间

57. DMA方式中，周期"窃取"是窃取一个（　　）。
   A. 存取周期   B. 指令周期   C. CPU周期   D. 总线周期

58. 计算机操作系统的功能是（　　　）。

    A．把源程序代码转换为目标代码

    B．实现计算机用户之间的相互交流

    C．完成计算机硬件与软件之间的转换

    D．控制管理计算机系统的资源和程序的执行

59. IE 浏览器和 Outlook Express 邮件服务程序是 Windows 98/XP 内置的 Internet 组件。在下列有关 IE 和 Outlook Express 的叙述中，正确的是（　　　）。

    A．IE 和 Outlook Express 可以通过"控制面板"中的"添加/删除程序"进行卸载

    B．IE 仅支持采用 HTML 制作的网页，不支持采用 XML 制作的网页

    C．Outlook Express 采用 POP3 协议发送和接收电子邮件

    D．用户可以通过微软公司的网站免费升级 IE 和 Outlook Express

60. 下列不正确的叙述是（　　　）。

    A．操作系统是 CPU 的一个组成部分

    B．操作系统的任务是统一和有效地管理计算机的各种资源

    C．操作系统的任务是控制和组织程序的执行

    D．操作系统是用户和计算机系统之间的工作界面

二、填空题

请将答案分别写在答题卡中序号为【1】至【20】的横线上，答在试卷上不得分。

1. Pentium4 微处理器在实模式下中断向量表长度是【1】。

2. 假设（SP）=0100H，（SS）=200H，执行 POP AX 指令后，栈顶的物理地址是【2】。

3. ACPI 为 PC 主机定义了 6 种不同的能耗状态，从 S0（正常工作）到 S5（完全关闭）。其中，S4 为【3】状态。

4. 假定（AL）=26H，（BL）=55H，依次执行 ADD AL，BL 和 DAA 指令后，（AL）=【4】。

5. 有些总线可以支持连续的成块数据传送，这种传送方式称为【5】传送方式。

6. EISA 总线在 ISA 总线的基础上，将数据总线宽度从 16 位变为 32 位，地址总线宽度从 24 位变为 32 位，并具有高度同步传送功能。凡是 ISA 总线上原有的信号线，【6】总线均予以保留。

7. 在 T_2、T_3、T_w、T_4 状态时，S_6 为【7】，表示 8088/8086 当前连在总线上。

8. 某计算机主频为 8MHz，每个机器周期平均含 2 个时钟周期，每条指令平均有 2.5 个机器

周期，则该机器的平均指令执行速度为【8】MIPS。

9. 若图像分辨率为 256×192，则它在 1024×768 显示模式的屏幕上以 100%的比例显示时，只占屏幕大小的【9】分之一。

10. 在优先级循环方式下，假设传输前 8237 芯片四个 DMA 通道的优先级次序为 2-3-0-1，那么在通道 2 进行了一次传输之后，这四个通道的优先级次序成为【10】。

11. 假设（DS）＝2000H，（BX）＝1256H，（SI）＝528FH；位移量 TABLE＝20A1H，（232F7H）＝3280H，（264E5H）＝2450H，则
    执行 JMP BX 后，（IP）＝【11】；
    执行指令 JMP TABLE［BX］后，（IP）＝3280H；

12. Cable MODEM 在上传数据和下载数据时的速率是不同的。数据下行传输时，一个 6MHz 的频带可传输的数据速率通常能达到【12】以上。

13. 一台激光打印机，可以使用 A4 纸（约 8 英寸×11 英寸），以 300dpi（dot per inch）的分辨率打印输出，它所配置的页面存储器容量应约为【13】。

14. PC 机中，8250 的基准工作时钟为 1.8432 MHz，当 8250 的通信波特率为 4800 时，写入 8250 除数寄存器的分频系数为【14】。

15. 作业控制块是在作业创建时建立，直到作业【15】时撤销。

16. Windows 98 虽然是一个比较成熟、健壮的操作系统，但有时也会出现应用程序在运行过程中"不响应"现象。用户如需强行结束一个应用程序，可通过按【16】组合键以打开"关闭程序"对话框。

17. 反映计算机速度的主要参数有运算速度和【17】。

18. 某用户的 E-mail 地址是 lusp@online.sh.cn，那么该用户邮箱所在服务器的域名是【18】。

19. 为保证动态 RAM 中的内容不消失，需要进行【19】操作。

20. 子程序又称为【20】。

第 19 套

一、选择题

下列各题 A、B、C、D 四个选项中，只有一个选项是正确的，请将正确选项涂写在答题卡相应位置上，答在试卷上不得分。

1. 下列指令中，不影响标志位 SF 位的指令是（   ）。
   A. RCL AX，1
   B. SAR AX，1
   C. AND BH，0FH
   D. ADC AX，SI

2. JMP WORD PTR［DI］的条件是（   ）。
   A. ZF＝1   B. CF＝0   C. ZF＝0   D. CF＝1

3. 某一 DRAM 芯片，其容量为 512×8 位，除电源端和接地端外，该芯片引出线的最小数为（   ）。
   A. 25   B. 23   C. 20   D. 19

4. 当 RESET 信号为高电平时，8086/8088 微处理器中寄存器的初始值为 FFFFH 的是（   ）。
   A. CS   B. IP   C. BP   D. ES

5. 分别执行 ADD AX，1 和 INC AX 指令后，AX 寄存器中将会得到同样的结果，但是在执行速度和占用内存空间方面存在差别，试问下面叙述正确的是（   ）。
   A. ADD AX，1 指令比 INC AX 指令执行速度快，而且占用较小的内存空间；
   B. ADD AX，1 指令比 INC AX 指令执行速度慢，而且占用较大的内存空间；
   C. ADD AX，1 指令比 INC AX 指令执行速度快，而占用的内存空间却较大；
   D. ADD AX，1 指令比 INC AX 指令执行速度慢，而占用的内存空间却较小；

6. 下面是关于"微处理器"的叙述，其中错误的是（   ）。
   A. 微处理器是用超大规模集成电路制成的具有运算和控制功能的处理器
   B. 微处理器只能作为 PC 机的 CPU
   C. Pentium 微处理器是一种字长为 32 位的处理器
   D. Pentium 微处理器可以同时执行多条指令

7. 下列指令中合法的是（   ）。
   A. IN AL，258
   B. OUT CX，AL
   C. IN 2，258
   D. OUT DX，AL

8. 常用中文字处理软件,如 WPS、CCED 等生成的文本文件中,汉字所采用的编码是（   ）。

    A. 五笔字型码   B. 区位码   C. 交换码   D. 内码

9. 在 Windows 98 /XP 通信组件中,实现访问远程专用网络的是（   ）。

    A. 拨号网络   B. VPN   C. NetMeeting   D. 超级终端

10. 在奔腾机中,与外设进行高速数据传输的系统总线是（   ）。

    A. ISA 总线   B. EISA 总线   C. PCI 总线   D. MCA 总线

11. 下列关于 Linux 的说法中,错误的是（   ）。

    A. Linux 是一种支持多任务处理的操作系统

    B. Linux 是一种源代码公开的操作系统

    C. Linux 是一种可用于 PC 机的操作系统

    D. Linux 由美国微软公司原创开发

12. 执行返回指令,退出中断服务程序,这时返回地址来自（   ）。

    A. ROM 区   B. 程序计数器

    C. 堆栈区   D. CPU 的暂存寄存器

13. 在现行 PC 机中,采用 DMA 从源地址传输数据到目的地址时,需要执行的 DMA 总线周期是（   ）。

    A. 4 个   B. 3 个   C. 2 个   D. 1 个

14. 下面有关 ASCII 码字符集的叙述中,错误的是（   ）。

    A. 小写英文字母的代码值比大写字母的代码值大

    B. 每个字符存储时占一个字节

    C. 部分字符是不可打印（或显示）的

    D. PC 机键盘上的每一个键都有一个对应的 ASCII 代码

15. 若定义 DAT DB '1234',执行指令 MOV AX,WORD PTR DAT 后,AX 寄存器中的内容是（   ）。

    A. 1234H   B. 3412H   C. 3132H   D. 3231H

16. 在默认情况下,Windows 98/XP 操作系统安装后,会在 C 盘上生成一个 Windows 文件夹（含多个子文件夹）。其中用于存储系统开机、关机和报警等声音信息的子文件夹是（   ）。

    A. Cookies   B. Favorite   C. Media   D. System

17. Pentium 4 微处理器在实模式下访问存储器时,段寄存器提供的是（   ）。

    A. 段选择子   B. 段基址   C. 段描述符   D. 偏移地址

18. 下面是与 ROM BIOS 中的 CMOS SETUP 程序相关的叙述，其中错误的是（　　）。

　　A．PC 开机后，就像必须执行 ROM BIOS 中的加电自检与系统自举装入程序一样，也必须执行 CMOS SETUP 程序

　　B．CMOS RAM 因掉电、病毒、放电等原因造成其内容丢失或破坏时，需执行 CMOS SETUP 程序

　　C．用户希望更改或设置系统口令时，需执行 CMOS SETUP 程序

　　D．在系统自举装入程序执行前，若按下某一热键（如 Del 键等）则可以启动 CMOS SETUP 程序

19. CD 光盘驱动器的数据传输速率是一项主要的性能指标。现在使用的所谓 48 倍速的光盘驱动器，它的实际数据传输速率是（　　）。

　　A．4.8Mbps　　　　　B．7.2Mbps　　　　　C．6Mbps　　　　　D．9.6Mbps

20. 下列关于计算机病毒的叙述中，不正确的是（　　）。

　　A．计算机病毒不但能破坏软件，也能破坏硬件

　　B．计算病毒具有潜伏性，一旦条件具备就发作起来

　　C．计算机病毒具有传染性，只要与病毒程序相接触，就会受到传染

　　D．它是由于程序设计者的疏忽而产生的一种可大量复制的程序

21. Windows 环境下各种功能的具体操作主要靠（　　）来实现的。

　　A．菜单操作　　　　B．对话操作　　　　C．鼠标操作　　　　D．窗口操作

22. 执行返回指令，退出中断服务程序，这时返回地址来自（　　）。

　　A．ROM 区　　　　　　　　　　　B．程序计数器

　　C．堆栈区　　　　　　　　　　　D．CPU 的暂存寄存器

23. 有一家庭 PC 用户使用 MODEM 通过电话线拨号上网，如果在网络很通畅的情况下能在 1 小时时间内下载大约 10MB 数据文件，则该用户所使用的 MODEM 的数据传输速率大约是（　　）。

　　A．9.6~14.4kbps　　　B．33~56kbps　　　C．1~10Mbps　　　D．56kbps 以上

24. 假定（AL）＝85H，（CH）＝J9H，依次执行 SUB AL，CH 指令和 DAS 指令后，AL 的值是（　　）。

　　A．0AEH　　　　　　B．56H　　　　　　C．5CH　　　　　　D．14H

25. 数字视频信息的数据量相当大，对 PC 机的存储、处理和传输都是极大的负担，为此必须对数字视频信息进行压缩编码处理。目前 VCD 光盘上存储的数字视频采用的压缩编码标准是（　　）。

　　A．MPEG-1　　　　　B．MPEG-2　　　　　C．MPEG-4　　　　　D．MPEG-7

26. IBM PC / AT 机采用 2 个 8259A 级联，CPU 的可屏蔽硬中断可扩展为（　　）。
    A. 64 级　　　　　B. 32 级　　　　　C. 16 级　　　　　D. 15 级

27. 执行下列程序后，（AX）＝（　　）。
```
        TAB        DW      1, 2, 3, 4, 5, 6
        ENTRY      EQU     3
        …
        MOV               BX, OFFSET TAB
        ADD               BX, ENTRY
        MOV               AX, [BX]
```
    A. 0003H　　　　　B. 0004H　　　　　C. 0300H　　　　　D. 0400H

28. Windows 98/XP 中，软盘使用的文件系统为（　　）。
    A. FAT12　　　　　B. FAT16　　　　　C. FAT32　　　　　D. CDFS

29. 下面是关于 PCI 总线的叙述，其中错误的是（　　）。
    A. PCI 总线支持突发传输
    B. PCI 总线支持总线主控方式
    C. PCI 总线的每一条信号线都只有一种功能，即没有具有双重功能的信号线
    D. PCI 总线具有即插即用功能

30. 在测控系统中，为了保存现场高速采集的数据，最佳使用的存储器是（　　）。
    A. ROM　　　　　B. ETROM　　　　　C. RAM　　　　　D. NOVRAM

31. 下列指令中，正确的指令是（　　）。
    Ⅰ MOV DX, [CX]
    Ⅱ MOV BX, AX
    Ⅲ ADD 2000H, CX
    Ⅳ MOV MA, MB；其中 MA 和 MB 是两个存储器
    A. Ⅰ、Ⅱ和Ⅳ　　　　　　　　　　B. Ⅱ
    C. Ⅱ和Ⅳ　　　　　　　　　　　　D. 以上全部

32. 执行下段程序后，AX＝（　　）。
```
        MOV     CX, 4
        MOV     AX, 25
LP:     SUB     AX, CX
        LOOP    LP
        HLT
```
    A. 10　　　　　B. 15　　　　　C. 20　　　　　D. 25

33. Internet 使用 TCP/IP 协议实现了全球范围的计算机网络的互连, 连接在 Internet 上的每一台主机都有一个 IP 地址, 下面（　　）不能作为 IP 地址。
    A. 201.109.39.68　　　　　　　　　　B. 120.34.0.18
    C. 21.18.33.48　　　　　　　　　　　D. 127.0.257.1

34. 下列指令中合法的为（　　）。
    A. MOV 02H,AX　　　　　　　　　　B. ADD CS,AX
    C. SUB [BX],[100H]　　　　　　　　D. MOV SI,[SI]

35. 已知：VAR DW 3, 5, $+4, 7, 9, 若汇编时 VAR 分配的偏移地址是 0010H, 则汇编后 0014H 单元的内容是（　　）。
    A. 05H　　　　　　B. 07H　　　　　　C. 14H　　　　　　D. 18H

36. 在下面四种半导体存储器中,（　　）采用的是动态随机存取存储器。
    A. RDRAM　　　　　　　　　　　　B. Flash ROM
    C. EEPROM　　　　　　　　　　　　D. Cache

37. 异步串行通信接口标准 RS-232C 的逻辑 0 的信号电平是（　　）。
    A. 0V～+5V　　　　　　　　　　　B. +3V～+15V
    C. −3V～−15V　　　　　　　　　　D. −5V～0V

38. 数字音箱包含两方面的含义, 即（　　）。
    A. 数字调节、数字输入　　　　　　B. 数字转换、数字输出
    C. 数字调节、数字输出　　　　　　D. 数字转换、数字输入

39. 下列标识符定义正确的是（　　）。
    A. 3DATA　　　B. DATA__3　　　C. DATA3　　　D. DATA.3

40. 采用 DMA 方式, 在存储器与 I/O 设备间进行数据传输; 对于 PC 来说, 数据的传送要经过（　　）。
    A. CPU　　　　　　　　　　　　　B. DMA 通道
    C. 系统总线　　　　　　　　　　　D. 外部总线

41. 下关于 8237 可编程 DMA 控制器的叙述中, 错误的是（　　）。
    A. 8237 有 4 个 DMA 通道
    B. 8237 的数据线为 16 位
    C. 每个通道有硬件 DMA 请求和软件 DMA 请求两种方式
    D. 每个通道在每次 DMA 传输后, 其当前地址寄存器的值自动加 1 或减 1

42. 扫描仪可将图片、照片或文字等输入到计算机。下面是有关扫描仪的叙述:

Ⅰ. 分辨率和色彩深度是扫描仪的两个重要性能指标

Ⅱ. 平板式扫描仪只适合扫描较小图件，目前已被淘汰

Ⅲ. 胶片扫描仪主要用于扫描幻灯片和照相底片

Ⅳ. 滚筒式扫描仪价格便宜、体积小，适合家庭使用

以上叙述中，（　　）是正确的。

A. 仅Ⅰ、Ⅱ和Ⅲ
B. 仅Ⅰ和Ⅲ
C. 仅Ⅱ和Ⅳ
D. 仅Ⅲ和Ⅳ

43. 家庭计算机接入因特网的方法有多种。下面的几种方法中，目前速率最慢的是（　　）。

A. 有线电视电缆接入
B. ADSL 接入
C. 电话拨号接入
D. 光纤以太网接入

44. 关于采用奇偶校验的内存和 ECC 内存，下面四种描述中，正确的是（　　）。

A. 二者均有检错功能，但无纠错功能

B. 二者均有检错和纠错功能

C. 前者有检错和纠错功能，后者只有检错功能

D. 前者只有检错功能，后者有检错和纠错功能

45. 下面是有关 PC 机声音输出的描述：

Ⅰ. MIDI 音乐必须通过 MIDI 合成器转换为波形信号才能输出

Ⅱ. 杜比数字 5.1 环绕声效中的 ".1" 声道是指一个专门设计的超低音声道

Ⅲ. 声卡的线路输出必须连到音箱或耳机上才能输出声音

Ⅳ. 木质音箱厚实、坚硬，比塑料音箱的音质好

上述叙述中，（　　）是正确的。

A. 仅Ⅰ和Ⅱ
B. 仅Ⅰ、Ⅲ和Ⅳ
C. 仅Ⅱ和Ⅲ
D. Ⅰ、Ⅱ、Ⅲ和Ⅳ

46. 根据下面定义的数据段

```
DSEG      SEGMENT
DAT1      DB   '1234'
DAT2      DW   5678H
ADDR      EQU  DAT2-DAT1
DSEG      ENDS
```

执行指令 MOV AX, ADDR 后，AX 寄存器中的内容是（　　）。

A. 5678H
B. 7856H
C. 4444H
D. 0004H

47. 下列表示式中，正确的运算结果为（　　）（下标均为数制）。

A. $(10101)_2 \times (2)_{10} = (20202)_2$
B. $(10101)_2 \times (2)_{10} = (20202)_3$
C. $(10101)_2 \times (3)_{10} = (30303)_3$
D. $(10101)_2 \times (4)_{10} = (40404)_4$

48. ADSL 是一种宽带接入技术，只需在线路两端加装 ADSL 设备（专用的 MODEM）即可实现家庭 PC 机用户的高速联网。下面关于 ADSL 的叙述中不正确的是（　　　）。
   A. 它利用普通铜质电话线作为传输介质，成本较低
   B. 可在同一条电话线上接听、拨打电话并且同时进行数据传输，两者互不影响
   C. 使用的是专线，用户可以始终处于连线（On Line）状态
   D. 它的带宽很高，无论是数据的下载还是上传，传输速度至少在 1MB/s 以上。

49. 下面关于作为 PC 机内存使用的 ROM 和 RAM 的叙述中，错误的是（　　　）。
   A. ROM 和 RAM 都是半导体存储器
   B. PC 机关机后，存储在 PC 机 CMOS RAM 中的内容一般不会丢失
   C. RAM 芯片掉电后，存放在芯片中的内容会丢失
   D. Flash ROM 芯片中的内容经一次写入后再也无法更改

50. 在下面 PC 机使用的外设接口中，（　　　）可用于将键盘、鼠标、数码相机、扫描仪和外接硬盘与 PC 机相连。
   A. PS/2   B. IEEE-1394
   C. USB   D. SCSI

51. 存取周期是指（　　　）。
   A. 存储器的写入时间
   B. 存储器的读出时间
   C. 存储器进行连续写操作允许的最短时间间隔
   D. 存储器进行连续读写操作所允许的最短时间间隔

52. 打印机是一种文字图形输出设备。下面是有关打印机的叙述：
   Ⅰ. 针式打印机因打印分辨率低、噪声大、速度慢，目前在市场上已经被淘汰
   Ⅱ. 激光打印机打印质量高、噪声低、大都用于银行、证券等行业的前台业务处理
   Ⅲ. 喷墨打印机的特点是能输出彩色图像、噪声低、不产生臭氧，但耗材价格较贵
   Ⅳ. 一般来说，激光打印机的打印速度比喷墨打印机快
   上述叙述中，哪些是正确的？（　　　）
   A. 仅Ⅰ和Ⅱ   B. 仅Ⅰ和Ⅲ
   C. 仅Ⅲ和Ⅳ   D. 仅Ⅰ、Ⅱ和Ⅳ

53. PC 机显示器的分辨率是一项重要的性能指标，它由显示屏的大小和像素的点距所决定。假设显示屏的尺寸是 282×225mm，当点距是 0.22mm 时，其最高分辨率为（　　　）。
   A. 1024×768   B. 1280×1024
   C. 1600×1280   D. 800×600

54. 磁盘存储器的等待时间是指（　　　）。
   A. 磁盘旋转一周所需的时间   B. 磁盘旋转半周所需的时间

C. 磁盘旋转 2 / 3 周所需的时间　　　　　D. 磁盘旋转 1 / 3 周所需的时间

55. 存储容量是用（　　）来描述的。
　　A. 位数　　　　　　　　　　　　　　　B. 字长
　　C. 存储单元数　　　　　　　　　　　　D. 字节数或存储单元数×位数

56. 人们说话时发出的语音信号必须经过数字化才能由计算机进行存储、处理和传输。语音信号的带宽为 300~3400Hz，若取样频率为 8kHz、量化精度为 8 位，则经过数字化之后每小时的数据量（未压缩时）大约是（　　）。
　　A. 230 MB　　　　　B. 115 MB　　　　　C. 461 MB　　　　　D. 29 MB

57. 在 Wndows 98/XP 网络环境下，用户无法直接将下列（　　）资源设置为共享资源。
　　A. 文件　　　　　　B. 文件夹　　　　　C. 光盘驱动器　　　　D. 打印机

58. 某用户使用 Modem 通过电话线上网，在 1 小时内共下载了约 15MB 数据（假设 Modem 以全速工作）。该用户所用的 Modem 的速率是（　　）。
　　A. 9.6~14.4kB/s　　　　　　　　　　　B. 28.8~56kB/s
　　C. 56kB/s~1MB/s　　　　　　　　　　　D. 1MB/s 以上

59. 根据下面的数据段定义：
　　DSEG　　　SEGMENT
　　　　　　　　　　DW　　　　　-1
　　　　DSEG　　　ENDS
　　该数据段内偏移地址 0000H 和 0001H 内的数据依次为（　　）。
　　A. 00H 和 FFH　　　　　　　　　　　　B. FFH 和 00H
　　C. FFH 和 FFH　　　　　　　　　　　　D. 00H 和 01H

60. 既可以支持人机交互，又使得计算机系统可以高效地使用处理机的操作系统是（　　）。
　　A. 批处理操作系统　　　　　　　　　　B. 分时操作系统
　　C. 实时操作系统　　　　　　　　　　　D. 分布式操作系统

二、填空题

请将答案分别写在答题卡中序号为【1】至【20】的横线上，答在试卷上不得分。

1. 采用 MPEG-1 层 3 压缩编码的波形声音其文件扩展名为【1】。

2. 假设 A=0101，B=0011，则 A XOR B 的运算结果是【2】。（注：XOR 表示"异或"运算）

3. 在差错控制方法中，常用的是奇偶校验码和 CRC 校验码，在每一字节的末尾增加 1 比特的是【3】。

4. 数字彩色图像的数据量很大，分辨率为 1024×768 的最多具有 2^{16} 种不同颜色的彩色图像，如将其数据量压缩为原来的 1/8，则每幅图像的数据量是【4】KB。

5. 计算机网络有两种基本的工作模式：【5】模式和客户/服务器模式。

6. 数字图像的主要参数有图像分辨率、像素深度、位平面数目、彩色空间类型以及采用的压缩编码方法等。假设像素深度为 16，那么一幅图像具有的不同颜色数目最多是【6】种。

7. 若定义 DATA DW 1234H，执行 MOV BL，BYTE PTR DATA 指令后，（BL）=【7】。

8. 彩色 CRT 显示器主要由视频放大驱动电路、行扫描电路、【8】、高压电路、显像管和机内直流电源组成。

9. 8237 DMA 本身有 16 位的地址寄存器和字节计数器，若附加 12 位的页面地址寄存器，则可以在容量为【9】的内存中进行 DMA 数据传送。

10. 已知（DS）=1000H，（BX）=0200H，（SI）=0005H，（10020H）=74H，（10200）=28H，（11205H）=0ABH。求下列指令执行后 AX 中的内容：
    MOV AX,1000H[BX+SI]   ；（AX）=【10】。

11. 微处理器对 I/O 口的编址方式有两种。一种是将 I/O 口地址和存储器地址统一编址，把 I/O 口地址看作存储器地址的一部分，用存储器访问指令实现输入输出；另一种是将 I/O 口地址和存储器地址分别独立编址，采用专门的【11】指令对 I/O 口进行操作。

12. 如果要组成一个容量为 32KB、字长为 8 位的存储器，共需【12】个规格为 8K×1 的芯片。

13. 假设在 DAT 为首地址的连续三个字单元中存放一个 48 位的数，问下面的程序段中第二条指令应填入什么助记符才能使 48 位数左移一个二进制位？
    SAL   DAT，1
    【13】   DAT+2，1
    RCL   DAT+4，1

14. Windows 98 提供了多种系统工具便于用户管理和维护计算机系统，提高计算机的运行效率。其中，可用于查看各种系统资源利用状态和目前已加载的各类驱动程序（如 IRQ 资源的使用情况、已加载的 MS-DOS 驱动程序等）的系统工具是【14】。

15. 总线通常包含地址总线、数据总线和控制总线，其中【15】总线的位数决定了总线的寻址能力。

16. DVD 盘片与 CD 盘片的大小相同，直径约为 12cm，但存储密度比 CD 盘片高。单面单层的 DVD-ROM 光盘的存储容量为【16】。

17. 计算机网络和多媒体通信的发展非常迅速，为了在居民小区提供宽带上网，家庭 PC 用户可选择的接入方案是【17】。

18. 在 8086/8088 的 16 位寄存器中，有【18】个寄存器可以拆分为 8 位寄存器使用。它们是 AX、BX、CX 和 DX，它们又称为通用寄存器。

19. 作为现行 PC 机的高速外围设备使用的总线是【19】。

20. 为了传输 MIDI 消息，MIDI 设备之间的通信采用异步串行方式，每次传输所采用的格式为：1 个起始位，后跟【20】个数据位，最后是 1 个停止位。

第 20 套

一、选择题

下列各题 A、B、C、D 四个选项中，只有一个选项是正确的，请将正确选项涂写在答题卡相应位置上，答在试卷上不得分。

1. 若用 MB 作为 PC 机主存容量的计算单位，1MB 等于（　　）。
   A. 2^{10} 个字节 　　　　　　　　　　　B. 2^{20} 个字节
   C. 2^{30} 个字节 　　　　　　　　　　　D. 2^{40} 个字节

2. UNIX 操作系统属于下列（　　）类型的操作系统。
   A. 批处理操作系统 　　　　　　　　　　B. 多用户分时系统
   C. 实时操作系统 　　　　　　　　　　　D. 单用户操作系统

3. 所谓"变号操作"是指将一个有符号整数变成绝对值相同、但符号相反的另一个整数。假设使用补码表示的 8 位速数 x=10010101，则 x 经过变号操作后结果为（　　）。
   A. 01101010 　　　　B. 00010101 　　　　C. 11101010 　　　　D. 01101011

4. 关于指令操作数寻址说明不正确的是（　　）。
   A. 目的操作数不能为立即操作数
   B. 目的操作数不能为代码段寄存器 CS
   C. 目的操作数不能为附加段寄存器 ES
   D. 在同一条指令中源操作数和目的操作数不能同时为存储器操作数

5. 在汇编语言程序设计中，若调用不在本模块中的过程，则对该过程必须用伪操作命令（　　）说明。
   A. PUBLIC 　　　　　　　　　　　　　B. COMMON
   C. EXTERN 　　　　　　　　　　　　　D. ASSUME

6. 数字视频信息的数据量相当大，对 PC 机的存储、处理和传输都是极大的负担，为此必须对数字视频信息进行压缩编码。下面（　　）不是数字视频压缩编码的国际标准。
   A. MPEG-1 　　　　　　　　　　　　　B. MPEG-2
   C. MPEG-3 　　　　　　　　　　　　　D. MPEG-4

7. PC 机采用向量中断方式处理 8 级外中断，中断号依次为 08H~0FH，在 RAM 0：2CH 单元开始依次存放 23H、FFH、00H 和 F0H 四个字节，该向量对应的中断号和中断程序入口是（　　）。

A．0CH，23FF: 00F0H
B．0BH，F000: FF23H
C．0BH，00F0: 23FFH
D．0CH，F000: FF23H

8．下面（　　）不能将字节变量 X 的属性修改为字节变量 Y。

A．X DW 1234H
　　Y EQU BYTE PTR X
B．Y EQU BYTE PTR X
　　X DW 1234H
C．X DW 1234H
　　Y EQU THIS BYTE
D．Y LABEL BYTE
　　X DW 1234H

9．为了将 AL 寄存器中的 AL_0 的内容传送到 BL 寄存器的 BL_0 中，且保持 BL_7~BL_1 不变，下面程序段的空白处应填写的指令是（　　）。

———————
ROR AL,1
RCL BL,1

A．ROR BL,1
B．SHL BL,1
C．RCL BL,1
D．不需要填指令

10．下列指令中合法的是（　　）。

A．ADD CS，BX
B．MOV 45H，AX
C．SUB [AX]，[57H]
D．MOV SI，[SI]

11．在下列指令中，隐含使用 AL 寄存器的指令有（　　）条。

SCASB；　　XLAT；　　MOVSB；
DAA；　　NOP；　　MUL BH；
A．1　　　　B．2　　　　C．4　　　　D．5

12．甲、乙两台 PC 机通过其串行接口进行全双工通信时，若使用发送数据信号 TxD 和接收数据信号 RxD 交换信息，则下面关于两机串口信号线连接的叙述中，正确的是（　　）。

A．甲机串口的 TxD 与乙机串口的 TxD 相连，甲机串口的 RxD 与乙机串口的 RxD 相连，两机的地线相连
B．甲机串口的 TxD 与乙机串口的 RxD 相连，甲机串口的 RxD 与乙机串口的 TxD 相连，两机的地线相连
C．只需甲机串口的 TxD 与乙机串口的 RxD 相连，两机的地线相连
D．只需甲机串口的 RxD 与乙机串口的 TxD 相连，两机的地线相连

13．下述定义变量指令正确的是（　　）。

A．X DW 'ABCD'
B．X DB 'A', 'B', 'C', 'D'
C．X DD 'ABCD'
D．X DQ 'ABCD'

14. 常用的虚拟存储器寻址系统由（   ）两级存储器组成。
    A. 主存—外存
    B. Cache—主存
    C. Cache—外存
    D. Cache—Cache

15. 微程序控制器比组合逻辑控制器慢，主要是由于增加了从（   ）读取微指令的时间。
    A. 磁盘存储器
    B. 指令寄存器
    C. 主存储器
    D. 控制存储器

16. ADSL 是一种宽带接入技术，只需在线路两端加装 ADSL   MODEM 即可实现家庭 PC 用户的高速连网。下面关于 ADSL 的叙述中错误的是（   ）。
    A. 它利用普通电话线作为传输介质，成本较低
    B. 可在同一条电话线上接听、拨打电话并且同时进行数据传输，两者互不影响
    C. 用户可以始终处于在线（on-line）状态
    D. 它的带宽很高，无论是数据的下载还是上传，传输速率至少在 2Mbps 以上

17. 下面关于 PC 机串行通信接口的叙述中，正确的是（   ）。
    A. 异步通信时，一帧信息以起始位开始、停止位结束，起始位之后是数据的最高位
    B. 系统 A 和系统 B 以半双工方式进行串行通信时，数据能从 A 传送到 B，也能从 B 传送到 A，并且可以同时进行
    C. PC 机的串行通信接口采用同步通信方式
    D. PC 机的串行通信接口采用 RS-232 标准

18. 异步串行通信接口标准 RS-232C 的逻辑 0 的信号电平是（   ）。
    A. 0～5V   B. 3～15V   C. −15～−3V   D. −5～0V

19. 扫描仪是一种常见的图像输入设备，种类很多，在为 PC 机配置扫描仪时，必须根据使用要求进行选择。下面是有关如何选择扫描仪的叙述：
    Ⅰ. 一般家庭使用时，应选择普通的平板式扫描仪
    Ⅱ. 扫描仪与计算机的接口有三种，家庭用扫描仪大多采用 SCSI 接口
    Ⅲ. 滚筒式扫描仪体积大，扫描时间长，适合于扫描大幅面的图纸和较大体积的物件
    Ⅳ. 滚筒式描仪的光学分辨率高，大多应用于专业印刷排版领域
    上述叙述中，（   ）是正确的。
    A. Ⅰ和Ⅱ
    B. Ⅱ和Ⅲ
    C. Ⅰ和Ⅳ
    D. Ⅲ和Ⅳ

20. 下面是目前 PC 机中的几种总线，其中以串行方式传送数据的是（   ）。
    A. IEEE-1394（俗称"火线"）
    B. 处理器总线
    C. PCI 总线
    D. 存储器总线

21. 下面关于 MIDI 声音和波形声音的叙述中，正确的是（   ）。

A. 乐曲在计算机中既可以用 MIDI 表示，也可以用波形声音表示

B. 语音可以用波形声音表示，也可以用 MIDI 表示

C. 对于同一乐曲，使用 MIDI 表示比使用波形表示的数据量大

D. MIDI 声音在计算机中存储时，文件的扩展名为 WMA

22. 8086 微处理器执行取指令操作时，段地址由 CS 寄存器提供，段内偏移地址由下列（　　　）寄存器提供。

A. BX   B. BP   C. IP   D. SP

23. 声卡控制声音的输入输出，当波形声音输入计算机时，主音频处理芯片完成（　　　）。

A. 模拟信号的量化和取样   B. 合成出相应的音乐

C. 将数字声音还原成模拟声音信号   D. 实现声音的获取和重建

24. 8086/8088 系统中，每个逻辑段最多为（　　　）存储单元。

A. 1MB   B. 64KB

C. 256KB   D. 根据程序的设置而定

25. 假设 8086 / 8088 微处理器的（SS）=1050H，（SP）=0008H，（AX）=1234H。执行 PUSH AX 指令后，下面（　　　）选项是正确的执行结果。

A. （10508H）=12H，（10507H）=34H

B. （10508H）=34H，（10507H）=12H

C. （10507H）=12H，（10506H）=34H

D. （10507H）=34H，（10506H）=12H

26. 下面关于以太网交换机（简称交换机）的叙述中错误的是（　　　）。

A. 它所构建的是共享式网络，所有用户共享总线的带宽

B. 它使用的 MAC 地址和数据帧格式与传统以太网保持一致

C. 它的多个源端口与目的端口之间可同时进行数据通信

D. 它具有多个端口，端口速率可以不同

27. 下面是汇编语言程序设计中关于过程调用和宏调用的叙述，其中错误的是（　　　）。

A. 调用方法相同，都是在程序执行过程中调用具有某种功能的目标程序，然后再通过执行 RET 指令返回主程序

B. 过程调用的执行速度比宏调用慢

C. 宏调用一般比过程调用占用较多的内存空间

D. 过程调用时主程序和子程序之间的信息传递没有宏调用时传递信息方便

28. 使用 8086/8088 汇编语言的伪操作命令定义：

VAL DB 93 DUP（5,2 DUP（1,2 DUP（3）），4）

则在 VAL 存储区内前 10 个字节单元的数据库是（　　　）。

A. 9、3、5、、2、1、2、3、4、5

B．5、2、2、1、2、3、4、1、2、3

C．5、1、3、3、1、3、3、4、1、3

D．5、2、1、3、3、4、1、3、3、1

29．下列关于 Linux 的叙述中，错误的是（　　）。

A．Linux 是一个多任务操作系统

B．Linux 具有网络通信和网络服务功能

C．Linux 也是目前 PC 机使用的一种操作系统

D．Linux 的源代码是不公开的

30．计算机合成语音就是让计算机模仿人把一段文字朗读出来，这个过程称为文语转换，其英文缩写是（　　）。

A．DTS　　　　　　B．Dolby　　　　　　C．MPEG　　　　　　D．TTS

31．Intel 8086 微处理器中，给定段寄存器中存放的段基址是 3500H，有效地址是 3278H，则其物理地址是（　　）。

A．38278H　　　　B．6778H　　　　　C．1F200H　　　　D．36280H

32．下列选项中，（　　）是奔腾微处理器的新技术特点之一。

A．采用 VESA 局部总线标准　　　　　　B．采用双 Cache 存储器

C．向上全部兼容　　　　　　　　　　　D．固化常用指令

33．PC 机中使用的双通道 RDRAM 每个通道的数据位宽为 16，它在一个存储器总线周期内实现两次数据传送。当存储器总线时钟频率为 400MHz 时，这种双通道 RDRAM 的宽是（　　）。

A．400 MB/s　　　　　　　　　　　　B．800 MB/s

C．1.6 GB/s　　　　　　　　　　　　D．3.2 GB/s

34．数字视频信息必须压缩编码后才适用于计算机存储，由于采用的压缩编码方法不同，所以视频文件的扩展名也有多种。下列选项中不属于数字视频文件扩展名的是（　　）。

A．.AVI　　　　　　B．.MPG　　　　　　C．.DVD　　　　　　D．.WMV

35．计算机网络能提供的服务分为不同类型，我们经常使用的电子邮件和网上聊天，它们所属的服务类型是（　　）。

A．文件服务　　　　B．打印服务　　　　C．消息服务　　　　D．信息检索服务

36．下面有关 DVD 光盘和 CD 光盘比较的描述中，错误的是（　　）。

A．DVD-ROM 的速度计算方法与 CD-ROM 不同，DVD-ROM 的一倍速为 135KB/s（即 1.32MB/s），而 CD-ROM 则为 150KB/s

B．DVD 光盘的存储容量比 CD 光盘大得多，120mm 单面单层 DVD 具有 4.7GB 的容量，

而 CD 光盘只有 680MB 左右

    C. DVD 光盘和 CD 光盘的道间距相同

    D. DVD 光盘存储器比 CD 光盘存储器的误码率低

37. 80286 的标志寄存器增加了（   ）个标志位字段。

    A. 1   B. 2   C. 3   D. 4

38. 下面是关于 8259A 可编程中断控制器的叙述，其中错误的是（   ）。

    A. 8259A 具有将中断源按优先级排队的功能

    B. 8259A 具有辨认中断源的功能

    C. 8259A 具有向 CPU 提供中断向量的功能

    D. 8259A 不能级联使用

39. 数码相机是扫描仪之外的另一种重要的图像输入设备。下面有关数码相机的叙述中，正确的是（   ）。

    A. 拍摄图像的质量完全由 CCD 像素的多少决定

    B. 数码相机成像过程中要进行 A/D 转换

    C. 一台 100 万像素的数码相机可拍摄分辨率为 1280×1024 的图像

    D. 在分辨率相同的情况下，图像文件大小相同

40. 下面关于目前 PC 机主板芯片组的叙述中，错误的是（   ）。

    A. 存储器控制功能大多由北桥芯片提供

    B. I/O 控制功能主要由南桥芯片提供

    C. 北桥芯片和南桥芯片之间通过 PCI 总线连接

    D. 与北桥芯片连接的部件的运行速度一般高于与南桥芯片连接的部件的运行速度

41. 与线路交换方式相比，分组交换方式的优点是（   ）。

    A. 加快了传输速度   B. 提高了线路的有效利用率

    C. 控制简单、可靠性提高   D. 实时性好

42. 图像文件有多种不同格式。下面有关常用图像文件的叙述中，错误的是（   ）。

    A. JPG 图像文件是按照 JPEG 标准对静止图像进行压缩编码后生成的

    B. BMP 图像文件在 Windows 环境下得到几乎所有图像处理软件的支持

    C. TIF 图像文件在扫描仪和桌面印刷系统中得到广泛应用

    D. GIF 图像文件能支持图像的渐进显示，但不能实现动画效果

43. 下面是关于 PCI 总线的叙述，其中错误的是（   ）。

    A. 支持突发传输   B. 支持总线主控方式

    C. 不采用总线复用技术   D. 支持即插即用功能

44. 下面是关于计算机总线性能的叙述：

Ⅰ．总线的位宽指的是总线能同时传送的数据位数

Ⅱ．总线的时钟频率是指用于协调总线上各种操作的时钟信号的频率

Ⅲ．总线的带宽是指单位时间内总线可传送的数据量（常用 MB/s 表示）

Ⅳ．总线的寻址能力主要指地址总线的位数及所能直接寻址的存储器空间的大小

上述叙述中，（　　）是正确的。

A．仅Ⅰ

B．仅Ⅰ和Ⅱ

C．仅Ⅰ、Ⅱ和Ⅲ

D．全部

45. 下面是 80x86 宏汇编语言中关于 SHORT 和 NEAR 的叙述，（　　）是正确的。

A．它们都可以直接指示无条件转移指令目标地址的属性

B．它们都必须借助于 PTR 才能指示无条件转移指令目标地址的属性

C．SHORT 必须借助于 PTR 才能指示无条件转移指令目标地址的属性

D．NEAR 必须借助于 PTR 才能指示无条件转移指令目标地址的属性

46. 下面是关于 PC 机中 USB 和 IEEE-1394 的叙述，其中正确的是（　　）。

A．USB 和 IEEE-1394 都以串行方式传送信息

B．IEEE-1394 以并行方式传送信息，USB 以串行方式传送信息

C．USB 以并行方式传送信息，IEEE-1394 以串行方式传送信息

D．USB 和 IEEE-1394 都以并行方式传送信息

47. PC 机中数字图像的文件格式有多种，下列（　　）格式的图像文件能够在网页上发布并具有动画效果。

A．BMP

B．GIF

C．JPG

D．TIF

48. 下列说法中错误的是（　　）。

A．OpenGL 独立于硬件，独立于窗口系统，能运行于不同操作系统的各种计算机上

B．VFW 采用硬件对视频信息进行解码和展现

C．DirectX 允许用户在不需要编写任何与具体硬件相关的程序代码的情况下去访问硬件的一些加速功能

D．VFW 采集的数字视频信息采用 VAI 文件格式进行保存

49. 编码键盘的每个按键所对应的代码由键盘直接产生并送入计算机中，其响应速度快，但成本高且不灵活，所以 PC 机大多采用非编码键盘。在下面有关 PC 机键盘的叙述中，（　　）是错误的。

A．键盘向 PC 机输入的按键的扫描码实质上是按键的位置码

B．输入的扫描码直接存放在 BIOS 的键盘缓冲区

C．扫描码到 ASCII 码的转换由键盘中断处理程序完成

D．软件可以为按键重新定义其编码

50. 网卡的功能是将 PC 或服务器连接到网络上，下面关于以太网网卡的叙述中，错误的是（   ）。

A．每块网卡都在一个全球唯一的 48 位的地址，称为 MAC 地址

B．现在市场上销售的几乎所有 PC 都带有以太网卡，一般不需要另外配置

C．目前使用最多的以太网网卡是 10/100Mbps 自适应网卡

D．百兆速率的以太网网卡采用 BNC 细同轴电缆接口

51. 微机系统中使用单片 8259A 时，在对它进行初始化编程时，任何情况下都不需写入的初始化命令字是（   ）。

A．ICW1   B．ICW2   C．ICW3   D．ICW4

52. 指令周期是（   ）。

A．CPU 执行一条指令的时间

B．CPU 从主存取出一条指令的时间

C．CPU 从主存取出一条指令加上执行这条指令的时间

D．CPU 从主存取出三条指令的时间

53. 采用两片中断控制器 8259A 级联后，CPU 的可屏蔽硬中断源能扩大到（   ）。

A．64 个   B．32 个   C．16 个   D．15 个

54. Windows 98/XP 通过注册表提供的信息来控制应用程序、硬件的运行，以及用户环境和界面的设定等。在下列有关 Windows 98/XP 注册表的叙述中，错误的是（   ）。

A．注册表有多个根主键，且根主键不可以被删除，也不能添加新的根主键

B．在通常情况下，系统未提供查看/编辑注册表的快捷方式，用户需要在"运行"对话中输入命令才能运行注册表编辑器

C．利用系统提供的注册表编辑程序可以将注册表信息导出到一个文件中

D．所有的注册表信息保存在一个文件中

55. 下列四个选项中，（   ）不是宏汇编语言使用的运算符。

A．SHORT   B．NEAR   C．FAR   D．DWORD

56. 若两片 8237A（DMA 控制器）工作在级联方式且按下图连接，每个 8237A 优先级均固定不变，则连接到 8237A 的 DMA 请求引脚上的通道 2、通道 3、通道 5、通道 6 的请求信号，其优先级从高到低的顺序是（   ）。

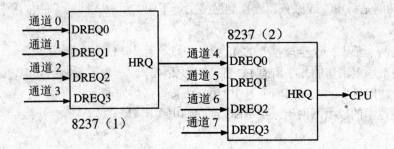

A. 通道6、通道5、通道3、通道2 B. 通道5、通道6、通道2、通道3

C. 通道2、通道3、通道5、通道6、 D. 通道3、通道2、通道6、通道5

57. 一般操作系统具有的功能不包括（ ）。

 A. 存储器管理   B. 外设管理

 C. 数据库管理   D. CPU 管理

58. 平板显示器（FPD）一般是指显示器的深度小于显示屏幕对角钱 1 / 4 长度的显示器件，
其中本身不发光的是（ ）。

 A. 液晶显示（LCD）   B. 等离子体显示（PDP）

 C. 场发射显示（FED）   D. 电致发光显示（ELD）

59. 在下列有关 Windows 系列操作系统的叙述中，错误的是（ ）。

 A. Windows 95 是 Windows 系列操作系统中最早的版本

 B. Windows 98 也分为多个不同的版本

 C. Windows 2000 是在 Windows NT 基础上发展而来的

 D. Windows XP 支持多个用户的登录

60. MIDI 是一种计算机合成的音乐，与波形声音相比它有自己的特点。下面关于 MIDI 的叙
述中，错误的是（ ）。

 A. 同一乐曲在计算机中既可以用 MIDI 表示，也可以用波形声音表示

 B. 乐曲和歌曲均可以用 MIDI 表示

 C. 使用不同的声卡播放 MIDI 时，音质的好坏会有差别

 D. MIDI 声音在计算机中存储时，文件的扩展名为.mid 或.midi

二、填空题

请将答案分别写在答题卡中序号为【1】至【20】的横线上，答在试卷上不得分。

1. WWW 网的网站中包含了许多网页，多数网页是采用超文本标记语言描述的文档，其文
件扩展名为【1】。

2. 若有数据定义 DATA DW 1234H，执行指令 MOV BL，BYTE PTR DATA 后，BL=【2】。

3. Pentium 4 微处理器的双独立总线是指：①总线接口部件（BIU）与内存、I/O 之间通信的总线；②总线接口部件与【3】Cache 之间通信的总线。

4. 通常所说的 32 位计算机中的 32 是指【4】。

5. 通过异步通信方式传送信息"10101010"时，若采用偶校验，则附加的校验位是【5】。

6. 条件转移指令的目标地址应在本条件转移指令的下一条指令地址的【6】字节范围内。

7. 已知 8253 的 Cho 用作计数器，口地址为 40H，计数频率为 2MHz。控制字寄存器口地址为 43H，计数器回 0 时输出信号用作中断请求信号，执行下列程序段后，发出中断请求信号的周期是【7】。
   MOV AL，36H
   OUT 43H，AL
   MOV AL，OFFH
   OUT　40H，AL
   OUT　40H，AL

8. 设使用 Pentium 处理器的 PC 机中的一个 16 位整数为 1110000000000000，其中最高位是符号位，则它的十进制值是【8】。

9. DRAM 是靠 MOS 电路中的栅极电容上的电荷来记忆信息的。为了防止数据丢失，需定时给电容上的电荷进行补充，这是通过以一定的时间间隔将 DRAM 各存储单元中的数据读出并再写入实现的，该过程称为 DRAM 的【9】。

10. Pentium 4 微处理器在保护模式下，存储空间采用【10】、线性地址和物理地址来描述。

11. 目前 RAM 多采用 MOS 型半导体集成电路芯片制成，PC 机中使用的 RAM 除 DRAM 芯片外，还使用【11】芯片。

12. 为了避免用户的应用程序访问和（或）修改关键的操作系统数据，Windows XP 操作系统使用特权级 0（即 0 环）作为【12】；特权级 3（即 3 环）作为用户模式。

13. 8086 微处理器工作于 5MHz 时钟频率时，能获得【13】MIPS。

14. MMX 指令不仅支持 4 种数据类型（紧缩字节、紧缩字、紧缩双字和四字），而且采用 SIMD 并行处理技术。SIMD 的中文译名是【14】。

15. 根据下面的汇编语言源程序，其运行结果是在屏幕上显示【15】。
    　　　　DSEG　　SEGMENT

```
         DAT      DB          0FFH
         N        EQU         3
         BUF      DB          3 DUP('?')
                  DB          '$'
         DSEG     ENDS
         SSEG     SEGMENT     STACK
                  DB          256 DUP(0)
         SSEG     ENDS
         CSEG     SEGMENT
                  ASSUME      DS:DSEG,SS:SSEG,CS:CSEG
         START:   MOV         AX,DSEG
                  MOV         DS,AX
                  MOV         BX,OFFSET BUF
                  MOV         SI,N
                  MOV         AL,DAT
                  MOV         AH,0
                  MOV         CX,10
         NEXT:    XOR         DX,DX
                  DIV         CX
                  ADD         DL,30H              ; 形成 ASCII 码
                  DEC         SI
                  MOV         [BX+SI],DL          ; 保存余数
                  OR          SI,SI
                  JNE         NEXT
                  JEA         DX,BUF
                  MOV         AH,9
                  INT         21H                 ;显示字符串
                  MOV         AH,4CH
                  INT         21H
         CSEG  ENDS
                  END         START
```

16. 若将第 15 题程序中的 JNE NEXT 指令修改为 JE NEXT 指令，则运行结果是在屏幕上显示【16】。

17. 第 15 题程序中的 XOR DX,DX 指令可以用功能等效的【17】指令替换。

18. 执行下列程序段后，AL＝【18】。
    BUF DW 3436H，1221H，5764H，1111H

— 208 —

```
MOV  BX, OFFSET  BUF
MOV  AL, 3
XLAT
```

19. 无线局域网（WLAN）采用的协议主要有 802.11 及【19】（802.15）等，后者是一种近距离无线数字通信的技术标准，是 802.11 的补充。

20. Internet 采用的协议族为【20】。

附录 参考答案

第 1 套

一、选择题

1.D	2.A	3.A	4.A	5. C	6. D	7.C	8.A	9.B	10.A
11.A	12.D	13.B	14.C	15.B	16.D	17.B	18.C	19.C	20.C
21.D	22.A	23.A	24.C	25.A	26.D	27.B	28.D	29.A	30. D
31.C	32.C	33.D	34.D	35.B	36.D	37.A	38.D	39.C	40.A
41.B	42.B	43.C	44.D	45.D	46.C	47. D	48.D	49.D	50.C
51.C	52.C	53.D	54.D	55.C	56.C	57.C	58.C	59.A	60.A

二、填空题

【1】　16

【2】　32

【3】　MIPS（或 MFLOPS）

【4】　1M

【5】　3063（如回答 1E3F，给 1 分）

【6】　24

【7】　1，2，3，3，1

【8】　ROMBIOS（或板 ROM BIOS，或主板 BIOS，或 BIOS）

【9】　1.6

【10】　16

【11】　浮点

【12】　位置　（或中间，或扫描）

【13】　分时

【14】　两（或 2）

【15】　22H

【16】　16

【17】　MIDI

【18】　0100H

【19】　I/O

【20】　LAN

第 2 套

一、选择题

1.D	2.D	3.A	4.B	5.B	6.C	7.B	8.C	9.B	10.A
11.C	12.D	13.C	14.C	15.B	16.D	17.D	18.A	19.D	20.B
21.C	22.A	23.D	24.A	25.D	26. D	27. D	28.C	29.B	30.C
31.C	32.D	33.A	34.A	35.A	36.D	37.C	38.C	39.B	40.D
41.C	42.D	43.D	44.D	45.C	46.C	47.D	48.C	49.C	50.B
51.A	52.D	53.B	54.C	55.D	56.A	57.A	58.A	59.A	60.A

二、填空题

【1】 55H

【2】 对带符号数

【3】 网卡

【4】 XXXXX010B

【5】 00000100B（或 00000100，或 04H）

【6】 MIPS（或 百万条指令/秒）

【7】 TEST　BYTE PTR[BX]，01H（或 TEST　DAT[BX],01H）

【8】 0642H

【9】 0434H

【10】 集线器（或 hub 或交换机）

【11】 物理地址

【12】 停止

【13】 指令

【14】 浮点部件 FPU

【15】 网络

【16】 PS/2

【17】 工作状态

【18】 ADSL Cable MODEM（或光纤以太网）

【19】 0AFFH

【20】 不需要专设 I/O 指令，所以指令系统较简单，并且对 I/O 的操作功能强

第 3 套

一、选择题

1.A	2.C	3.B	4.A	5.C	6.C	7.C	8.A	9.B	10.C

11.D	12.B	13.D	14.C	15.D	16.B	17.C	18.A	19.C	20.B
21.D	22.C	23.D	24.D	25.A	26.A	27.D	28.A	29.A	30.C
31.C	32.D	33.C	34.C	35.A	36.A	37.D	38.D	39.A	40.B
41.D	42.B	43.B	44.D	45.A	46.D	47.D	48.B	49.C	50.B
51.D	52.B	53.B	54.D	55.B	56.B	57.B	58.A	59.D	60.B

二、填空题

【1】 1，3，0，1，7，7，0

【2】 传输速度快

【3】 输入/输出

【4】 100

【5】 5BA5H

【6】 预测

【7】 7

【8】 2

【9】 ADD BL，1（或 ADD BL,01）

【10】 44H

【11】 平板

【12】 I/O 设备

【13】 @DATA

【14】 3E1

【15】 陷阱

【16】 电平

【17】 流媒体 （或音视频流媒体）

【18】 RISC

【19】 12H

【20】 段地址

第 4 套

一、选择题

1.C	2.C	3.B	4.B	5.B	6.D	7.B	8.A	9.C	10.D
11.C	12.D	13.A	14.D	15.A	16.D	17.B	18.A	19.A	20.B
21.D	22.D	23.C	24.B	25.D	26.D	27.D	28.C	29.D	30.B
31.C	32.C	33.B	34.B	35.B	36.C	37.D	38.C	39.A	40.A
41.A	42.D	43.B	44.D	45.C	46.D	47.C	48.C	49.D	50.C
51.B	52.D	53.B	54.B	55.A	56.B	57.A	58.B	59.A	60.B

二、填空题

【1】 94.372MHz

【2】 0200H

【3】 刷新 （或 Refresh）

【4】 25

【5】 256 （或 100H）

【6】 内存

【7】 不同 （或不等，或不一样）

【8】 −16

【9】 USB

【10】 程序计数器 PC

【11】 45H

【12】 3537

【13】 USB 2.0 （或 2.0）

【14】 打印头的工作方式

【15】 CX=0（或 ZF=0）

【16】 点阵 （或 bitmap）

【17】 DRAM

【18】 4

【19】 SI

【20】 Del 或 Delete

第 5 套

一、选择题

1.D	2.D	3.C	4.D	5.C	6.B	7.C	8.A	9.C	10.D
11.C	12.D	13.A	14.A	15.C	16.C	17.A	18.A	19.A	20.C
21.A	22.C	23.C	24.D	25.C	26.A	27.D	28.A	29.A	30.D
31.D	32.A	33.C	34.D	35.A	36.B	37.B	38.A	39.A	40.D
41.B	42.A	43.C	44.C	45.D	46.C	47.D	48.C	49.C	50.A
51.D	52.B	53.B	54.D	55.D	56.B	57.B	58.B	59.C	60.C

二、填空题

【1】 语言处理程序（或编译程序、编译器、解释程序、解释器）

【2】 机器语言

【3】 75

【4】 64

【5】 触发器原理

【6】 42H

【7】 MBps 或 GBps

【8】 主机

【9】 LOCAL

【10】 1111 1111 0101

【11】 176.4 （或 176）

【12】 循环（或轮流，或轮转）

【13】 41H，00H

【14】 4154H

【15】 串行

【16】 0.45

【17】 REP MOUSB

【18】 运行

【19】 BX

【20】 扇区

第 6 套

一、选择题

1.C	2.A	3.B	4.C	5.C	6.B	7.A	8.D	9.C	10. A
11.D	12.C	13.A	14.B	15.B	16.B	17.B	18.D	19.B	20.B
21.B	22.A	23.D	24.C	25.A	26.C	27.D	28.C	29.D	30.C
31.C	32.D	33.B	34.B	35.A	36.D	37.A	38.D	39.B	40.A
41.D	42.D	43.C	44.B	45.B	46.B	47.B	48.B	49.C	50.B
51.C	52.B	53.B	54.A	55.B	56.B	57.D	58.A	59.C	60.B

二、填空题

【1】 程序段

【2】 0111111

【3】 -32768~+32767

【4】 NMI

【5】 一个负脉冲

【6】 USB

【7】 实模式

【8】 0

【9】 51H

【10】 语音

【11】 SS

【12】 600

【13】 高或快

【14】 CDFS

【15】 34H

【16】 取指

【17】 光缆（或光纤）

【18】 服务进程

【19】 关

【20】 虚拟 8086 模式

第 7 套

一、选择题

1.D	2.A	3.D	4.D	5.A	6.A	7.D	8.D	9.C	10.C
11.D	12.A	13.A	14.D	15.A	16.A	17.D	18.D	19.D	20.D
21.B	22.B	23.A	24.B	25.D	26.C	27.A	28.A	29.A	30.B
31.D	32.D	33.B	34.D	35.D	36.C	37.D	38.B	39.B	40.D
41.C	42.C	43.C	44.C	45.D	46.A	47.B	48.B	49.D	50.C
51.A	52.A	53.B	54.A	55.D	56.D	57.A	58.B	59.D	60.D

二、填空题

【1】 指针（或链，或超链）

【2】 AX

【3】 45H

【4】 -355

【5】 DirectX

【6】 1234H

【7】 12H

【8】 字节（或 8 位）

【9】 20Mb/s

【10】 清零

【11】 传送数据的字节数

【12】 0C0A3H

【13】 -11

【14】 低（或慢，或小）

【15】 1F

【16】 16

【17】 2KB

【18】 34H

【19】 路由器（或路由交换器）

【20】 完全关闭（或关闭，或关机）

第8套

一、选择题

1.C	2.C	3.C	4.D	5.C	6.B	7.B	8.C	9.D	10.C
11.C	12.B	13.C	14.A	15.B	16.A	17.A	18.A	19.B	20.C
21.D	22.B	23.A	24.B	25.A	26.C	27.A	28.D	29.D	30.A
31.B	32.D	33.C	34.A	35.A	36.B	37.D	38.D	39.B	40.B
41.D	42.C	43.C	44.A	45.C	46.B	47.C	48.D	49.A	50.B
51.D	52.A	53.C	54.B	55.B	56.C	57.C	58.D	59.D	60.B

二、填空题

【1】 SRAM（或静态存储器，或静态随机存储器，或静态随机存取存储器）

【2】 IP 协议或 TCP/IP 协议

【3】 1~2

【4】 休眠

【5】 TCP/IP

【6】 4.7

【7】 频分

【8】 AGP （或加速图形端口，或 Accelerated Graphics Port）

【9】 2

【10】 20 级

【11】 200FEH

【12】 DRAM

【13】 目标（OBJ）

【14】 0010000B 即 10H

【15】 REGEDIT

【16】 HAL

【17】 中断请求

【18】 RAID（或磁盘冗余阵列）

【19】 DPI（或 dpi）

【20】 Cable MODEM （或 cable modem）

第 9 套

一、选择题

1.C	2.D	3.B	4.D	5.D	6.C	7.B	8.A	9.A	10.D
11.A	12.B	13.D	14.D	15.A	16.B	17.A	18.A	19.B	20.B
21.B	22.C	23.D	24.A	25.C	26.D	27.D	28.B	29.D	30.A
31.B	32.B	33.D	34.D	35.C	36.D	37.B	38.D	39.D	40.D
41.D	42.C	43.C	44.C	45.B	46.B	47.C	48.C	49.A	50.B
51.A	52.C	53.B	54.D	55.B	56.D	57.D	58.D	59.D	60.C

二、填空题

【1】 8 个

【2】 指令语句和指示性语句

【3】 81H

【4】 （20H）×（30A）

【5】 0 （或零）

【6】 CPU

【7】 JPG（或 JPEG）和 GIF

【8】 传输速度快

【9】 FAR PTR STRLEN

【10】 13AF0

【11】 8

【12】 14

【13】 电话

【14】 近返回指令

【15】 XXXXX010

【16】 堆栈

【17】 ZF

【18】 MAC

【19】 CPU

【20】 Cable （或 cable，或电缆）

第 10 套

一、选择题

1.C	2.B	3.A	4.A	5.B	6.A	7.B	8.B	9.A	10.C

11.C	12.A	13.A	14.C	15.A	16.C	17.A	18.C	19.A	20.C
21.C	22.C	23.C	24.D	25.B	26.C	27.C	28.B	29.C	30.D
31.D	32.D	33.C	34.C	35.A	36.D	37.B	38.C	39.C	40.B
41.D	42.B	43.C	44.A	45.C	46.A	47.D	48.C	49.D	50.A
51.C	52.B	53.B	54.B	55.C	56.B	57.B	58.A	59.A	60.B

二、填空题

【1】 服务器

【2】 32.7675

【3】 48D159E0

【4】 4241H

【5】 低电平

【6】 病毒特征库 （或病毒特征文件）

【7】 64

【8】 字节

【9】 磁盘清理 （或磁盘清理程序）

【10】 AGP 接口

【11】 BYTE PTR [DI-1] （或者 byte ptr[di-1] （如填[DI-1]，得 1 分））

【12】 3（或 03 或 03H）

【13】 'ABA$' （或者 41H,42H,41H,24H （或 41424124），顺序不对不给分）

【14】 （AL）← （（CBX）＋（AL））

【15】 光纤

【16】 分支程序设计

【17】 16（或 17）

【18】 READY

【19】 20

【20】 GIF

第 11 套

一、选择题

1.C	2.B	3.A	4.C	5.B	6.D	7.C	8.C	9.D	10.A
11.A	12.B	13.B	14.A	15.A	16.A	17.B	18.C	19.B	20.D
21.B	22.A	23.B	24.C	25.A	26.B	27.B	28.D	29.C	30.B
31.C	32.B	33.A	34.B	35.D	36.A	37.B	38.A	39.B	40.A
41.D	42.B	43.C	44.C	45.B	46.C	47.B	48.B	49.C	50.D
51.D	52.B	53.D	54.C	55.C	56.C	57.A	58.A	59.C	60.C

二、填空题

【1】 总线的工作频率

【2】 1E3FH（或 3063）

【3】 操作数

【4】 640×480

【5】 05AEH

【6】 立即寻址

【7】 36

【8】 4.0

【9】 中断响应

【10】 Cache（或 Cache 存储器，或高速缓冲存储器，或高速缓存，或快存）

【11】 -6.625

【12】 1.44MB

【13】 12

【14】 DNS

【15】 运算器

【16】 PPM

【17】 就绪

【18】 1032H

【19】 1M

【20】 7E814

第 12 套

一、选择题

1.D	2.B	3.B	4.B	5.C	6.D	7.B	8.B	9.B	10.A
11.B	12.A	13.D	14.B	15.D	16.D	17.B	18.D	19.B	20.D
21.A	22.C	23.B	24.D	25.C	26.D	27.C	28.B	29.C	30.A
31.A	32.B	33.C	34.C	35.D	36.C	37.C	38.A	39.D	40.D
41.D	42.C	43.B	44.C	45.A	46.D	47.A	48.A	49.D	50.C
51.D	52.B	53.D	54.C	55.B	56.B	57.C	58.B	59.B	60.D

二、填空题

【1】 2000H

【2】 MOV AX,SEG INT60H

【3】 相等

【4】 字节

【5】 双极型存储器

【6】 1

【7】 初始化

【8】 压缩编码（或编码，或压缩）

【9】 指令译码

【10】 VFW

【11】 超标量结构

【12】 PING

【13】 命中（或击中，或 Hit）

【14】 感光鼓

【15】 7E814

【16】 加电自检

【17】 48

【18】 基带同轴电缆

【19】 USB

【20】 786432

第 13 套

一、选择题

1.C	2.C	3.C	4.D	5.A	6.D	7.A	8.C	9.A	10.C
11.B	12.B	13.D	14.D	15.C	16.A	17.B	18.D	19.A	20.A
21.D	22.B	23.D	24.B	25.B	26.C	27.C	28.D	29.D	30.C
31.A	32.A	33.C	34.B	35.D	36.D	37.C	38.D	39.D	40.C
41.D	42.A	43.C	44.C	45.B	46.C	47.D	48.D	49.A	50.C
51.A	52.A	53.C	54.C	55.C	56.B	57.D	58.B	59.A	60.C

二、填空题

【1】 20

【2】 第一个参数减第二个参数，差的绝对值送第三个参数

【3】 64KB

【4】 PCI

【5】 指令周期

【6】 循环

【7】 pagefile.sys

【8】 PCI

【9】 MPEG-1

【10】 四

【11】 AX

【12】 立即数

【13】 420C0

【14】 8

【15】 不同（或不等，或不一样）

【16】 12

【17】 软件资源

【18】 IEEE1394（或 1394，或 FireWire（大小写均可），或火线，或 USB2.0）

【19】 AH

【20】 扇区号

第 14 套

一、选择题

1.C	2.C	3.B	4.B	5.A	6.B	7.C	8.C	9.C	10.C
11.B	12.D	13.A	14.A	15.D	16.D	17.B	18.D	19.B	20.A
21.A	22.C	23.C	24.A	25.A	26.A	27.C	28.D	29.C	30.B
31.C	32.B	33.A	34.A	35.C	36.A	37.C	38.D	39.B	40.B
41.D	42.B	43.A	44.C	45.A	46. A	47.C	48.D	49.B	50.C
51.B	52.C	53.D	54.D	55.D	56. B	57.A	58.A	59.B	60.A

二、填空题

【1】 1.6

【2】 100 万（或百万，或 10^6）

【3】 12H

【4】 3

【5】 2

【6】 8

【7】 超标量结构

【8】 停止位

【9】 软盘驱动器

【10】 1000101111000011

【11】 DRAM

【12】 64

【13】 状态存储器

【14】 64

【15】 总线接口部件 BIO

【16】 00C00000H

【17】 FAT32

【18】 浮点数 （或实数）

【19】 量化精度（或量化位数，或 A/D 转换精度，或 A/D 转换位数）

【20】 Windows 95

第 15 套

一、选择题

1.B	2.B	3.C	4.A	5.D	6.A	7.A	8.C	9.D	10.D
11.A	12.B	13.B	14.B	15.B	16.C	17.D	18.D	19.C	20.A
21.B	22.C	23.B	24.B	25.A	26.D	27.B	28.B	29.D	30.A
31.B	32.A	33.D	34.B	35.A	36.D	37.D	38.C	39.C	40.D
41.C	42.B	43.D	44.D	45.C	46.D	47.C	48.A	49.C	50.B
51.C	52.B	53.C	54.C	55.A	56.D	57.A	58.A	59.A	60.B

二、填空题

【1】 注册用户

【2】 浮点

【3】 局域网

【4】 1，2，0，1，3，3

【5】 OpenGL

【6】 PnP

【7】 0

【8】 4

【9】 4MB

【10】 16（或 10H）

【11】 Professional（或专业版）

【12】 SCSI

【13】 中断描述符表 IDT

【14】 假脱机

【15】 RAM

【16】 ISA 总线（AT 总线）

【17】 MOV AX，OFH　　INT 60H

【18】 内存

【19】 8KB

【20】 1064（注：填 1064 至 1067 之间者均给 2 分）

第 16 套

一、选择题

1.C	2.D	3.C	4.B	5.A	6.D	7.A	8.D	9.B	10.D
11.A	12.C	13.C	14.A	15.C	16.A	17.C	18.A	19.A	20.A
21.D	22.D	23.D	24.A	25.C	26.B	27.D	28.D	29.B	30.D
31.C	32.D	33.B	34.D	35.D	36.D	37.C	38.C	39.A	40.C
41.A	42.C	43.A	44.C	45.D	46.D	47.D	48.A	49.C	50.C
51.C	52.B	53.A	54.C	55.C	56.C	57.B	58.D	59.D	60.D

二、填空题

【1】 10

【2】 RISC

【3】 关机

【4】 $-2^{32} \sim 2^{32}-1$

【5】 操作数

【6】 Cache （或快存，或高速缓冲存储器，或高速缓存）

【7】 39

【8】 有线电视网

【9】 字符

【10】 IP 地址（如回答网址或 URL 则也算正确，给 2 分；如回答域名，给 1 分）

【11】 4

【12】 3

【13】 10

【14】 网桥

【15】 7

【16】 7ES14H

【17】 集线器（或 Hub，或 hub，或以太网交换机）

【18】 突发

【19】 WDM

【20】 扫描仪

第 17 套

一、选择题

1.C	2.B	3.C	4.C	5.C	6.C	7.B	8.B	9.C	10.A

11.D	12.A	13.D	14.D	15.D	16.C	17.C	18.B	19.C	20.D
21.D	22.D	23.A	24.B	25.C	26.D	27.D	28.D	29.A	30.C
31.C	32.D	33.C	34.C	35.C	36.A	37.C	38.D	39.D	40.D
41.C	42.C	43.D	44.B	45.A	46.D	47.B	48.C	49.D	50.B
51.B	52.C	53.D	54.C	55.D	56.D	57.C	58.B	59.C	60.A

二、填空题

【1】 操作数字段

【2】 DOUBLE

【3】 0FH

【4】 1

【5】 虚拟存储技术

【6】 逻辑地址

【7】 200FEH

【8】 1066.4MB/s（或 1066MB/s）

【9】 停止

【10】 20MB/s

【11】 533.2MB/s（或 533MB/s）

【12】 Second Edition （或 second edition，或第二版）

【13】 操作数

【14】 对等式网络

【15】 34MB

【16】 计算机技术

【17】 速度

【18】 DRAM

【19】 boot.ini

【20】 0BEDFH

第 18 套

一、选择题

1.D	2.A	3.C	4.D	5.C	6.C	7.D	8.D	9.A	10.C
11.D	12.D	13.B	14.D	15.D	16.C	17.A	18.B	19.C	20.C
21.B	22.B	23.D	24.C	25.C	26.D	27.B	28.C	29.B	30.C
31.C	32.D	33.D	34.C	35.C	36.D	37.D	38.D	39.D	40.A
41.D	42.C	43.C	44.A	45.C	46.D	47.C	48.A	49.C	50.C
51.D	52.D	53.D	54.D	55.C	56.B	57.A	58.D	59.D	60.A

二、填空题

【1】 1KB

【2】 2002H

【3】 休眠

【4】 81H

【5】 猝发（或突发，或 Burst）

【6】 EISA

【7】 低电平

【8】 1.6

【9】 十六

【10】 3-0-1-2（或 3、0、1、2，或 3012）

【11】 1256H

【12】 20Mbps

【13】 1MB

【14】 24

【15】 完成

【16】 CTRL+ALT+DEL（或 ctrl+alt+del）

【17】 存取速度

【18】 online.sh.cn

【19】 刷新

【20】 过程

第 19 套

一、选择题

1.A	2.A	3.C	4.A	5.B	6.B	7.D	8.D	9.B	10.C
11.D	12.C	13.D	14.B	15.D	16.C	17.B	18.A	19.B	20.D
21.C	22.C	23.B	24.B	25.A	26.D	27.C	28.A	29.C	30.D
31.B	32.B	33.D	34.D	35.D	36.A	37.B	38.A	39.B	40.C
41.B	42.B	43.C	44.D	45.D	46.D	47.B	48.D	49.D	50.C
51.D	52.C	53.B	54.B	55.D	56.B	57.A	58.B	59.C	60.B

二、填空题

【1】 .MP3

【2】 0110

【3】 奇偶校验码

【4】 192

【5】 对等

【6】 65536（或 2^{16}）

【7】 34H

【8】 场扫描电路

【9】 256MB

【10】 OABH

【11】 I/O（或输入输出，或输入/输出）

【12】 32

【13】 RCL

【14】 系统信息

【15】 地址

【16】 4.7GB

【17】 ADSL、cable MODEM 或光纤/以太网

【18】 4

【19】 PCI 总线

【20】 8

第 20 套

一、选择题

1.B	2.B	3.D	4.C	5.C	6.C	7.B	8.C	9.A	10.D
11.C	12.B	13.B	14.A	15.D	16.D	17.D	18.B	19.C	20.A
21.A	22.C	23.A	24.B	25.C	26.A	27.A	28.C	29.D	30.D
31.A	32.B	33.D	34.C	35.C	36.C	37.B	38.D	39.B	40.C
41.B	42.D	43.C	44.D	45.D	46.A	47.B	48.B	49.B	50.D
51.C	52.C	53.D	54.D	55.A	56.C	57.C	58.A	59.A	60.B

二、填空题

【1】 .html 或 .htm

【2】 34H

【3】 L2

【4】 参与算术逻辑运算的操作数的二进制位个数

【5】 0

【6】 −128～+127

【7】 33ms

【8】 −8192

【9】 刷新（或 Refresh）

【10】 逻辑地址

【11】 SRAM 芯片（或 Static RAM，或静态随机存取存储器，或静态随机访问存储器）

【12】 内核模式

【13】 2.5

【14】 单指令多数据（或单指令多数据流）

【15】 255

【16】 ??5

【17】 MOV DX，0（或 SUB DX,DX，或 AND DX,0，或 CWD）

【18】 12H

【19】 蓝牙（或 Blue Tooth）

【20】 TCP/IP